Best wishes for
the future of
your work with
animation students

Gary Mairs

祝愿动画学生的作品拥有美好的未来！

盖瑞·梅尔斯

盖瑞·梅尔斯（Gary Mairs）

美国籍。美国加州艺术学院电影学院院长、电影导演工作坊创办人之一。在电影界有多年的创作经验。曾导演和监制电影短片《醒梦》(2007)、《说出它》(2008)、《海明威的夜晚》(2009)，担任官方纪录片《出神入化：电影剪辑的魔力》(2004)的艺术指导。在线上专业杂志包括《摄影机的低架》、《烂番茄》。发表多篇专业论文，著作有《被控对称性：詹姆斯·班宁的风景电影》。

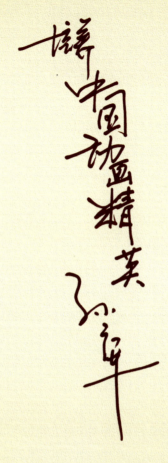

振兴中国动画精英

孙立军

孙立军

北京电影学院动画学院院长、教授。

现任国家扶持动漫产业专家组原创组负责人、中国动画学会副会长、中国电视艺术家协会卡通艺术委员会常务理事、中国成人教育协会培训中心动漫游培训基地专家委员会主任委员、中国软件学会游戏分会副会长、中国东方文化研究会漫画分会理事长、国际动画教育联盟主席、微软亚洲研究院客座研究员、北京电影学院动画艺术研究所所长。

主要作品有：漫画《风》，动画短片《小螺号》、《好邻居》，动画系列片《三只小狐狸》、《越野赛》、《浑元》、《西西瓜瓜历险记》，动画电影《小兵张嘎》、《欢笑满屋》等。

曾担任中国中央电视台少儿频道动画片、"金童奖"、"金鹰奖"、"华表奖"、汉城国际动画电影节、2008奥运吉祥物设计、世界漫画大会"学院奖"等奖项的评委。曾获中国政府华表奖优秀动画片奖、中国电影金鸡奖最佳美术片奖提名等奖项。

with head and
hands ...
all the best to
Animation Students
Keep animating!
Robi Engler

祝愿所有学习动画的学生，用你们的
头脑和双手，创作出优秀的作品！

罗比·恩格勒

瑞士籍。1975年创办"想象动画工作室"，致力于动画电视与影院长片创作，并热衷动画教育，于欧、亚、非三洲客座教学数年。著有《动画电影工作室》一书，并被翻译成四国语言。

罗比·恩格勒（Robi Engler）

THE FUTURE OF
ANIMATION IN CHINA
IS IN THE HANDS
OF YOUNG TALENT
LIKE YOURSELVES.
TOMORROW'S LEGENDS
ARE BORN TODAY!
CHEERS,

KEVIN GEIGER
WALT DISNEY
ANIMATION

中国动画的未来掌握在年轻人手中，就如同你们自己。今天的你们必将成为明天的传奇！

凯文·盖格

美国籍。现任北京电影学院客座教授。曾担任迪斯尼动画电影公司电脑动画以及技术总监、加州艺术学院电影学院实验动画系副教授。在好莱坞动画和特效产业有将近15年的技术、艺术和组织方面的经验，并担任Animation Options动画专业咨询公司总裁、Simplistic Pictures动画制作公司得奖动画的制片人、非盈利组织"Animation Co-op"的导演。

凯文·盖格（Kevin Geiger）

Illustrator
平面与动画设计

[中国台湾] 郑俊皇　主编

[韩] 崔连植　[中国台湾] 陈数恩　编著

中国科学技术出版社

·北　京·

图书在版编目（CIP）数据

Illustrator 平面与动画设计 ／ 郑俊皇主编；（韩）崔连植，陈数恩编著.
—北京：中国科学技术出版社，2010
（优秀动漫游系列教材）
ISBN 978-7-5046-4980-5

Ⅰ.①I... Ⅱ.①郑...②崔...③陈... Ⅲ.①动画－设计－图形软件，
Illustrator－教材 Ⅳ.①TP391.41

中国版本图书馆CIP数据核字（2010）第099687号

本社图书贴有防伪标志，未贴为盗版

著作权合同登记号：01-2010-4611

策划编辑　肖　叶
责任编辑　胡　萍　邵　梦
封面设计　阳　光
责任校对　张林娜
责任印制　安利平
法律顾问　宋润君

中国科学技术出版社出版

北京市海淀区中关村南大街16号　邮政编码：100081
电话：010-62173865　传真：010-62179148
http://www.kjpbooks.com.cn
科学普及出版社发行部发行
北京盛通印刷股份有限公司印刷

＊

开本：700毫米×1000毫米 1/16 印张：9.75 插页：4 字数：180千字
2010年8月第1版　2010年8月第1次印刷
ISBN 978-7-5046-4980-5/TP·371
印数：1-5 000册　定价：49.00元　配DVD一张

在这里和大家讨论一下学习Adobe Illustrator的一些方法，这将有助于初学者快速汲取知识，并找到一条适合自己的通途。

目前，矢量绘图软件的种类比较多，当选择一款最普及的软件之后，就要树立坚定不移的意志来学好它，不要半途而废。各种软件之间是相通的，在用法上除了具体使用方法略有不同之外，其思路大致相似。因此，当你学精了一款软件再去学其他软件是很容易的事情。不同软件都有其优点与缺点。Adobe Illustrator拥有用户量大、功能齐全、应用领域不断扩展的丰富优点。所以先学Adobe Illustrator将是不错的选择。

本书是针对性、实用性极强的指导教材，全面介绍了Adobe Illustrator的基本操作和工具，在内容介绍上，我们从初级读者的角度出发，概念介绍得非常清楚，同时为读者灌输平面设计的理念，其中选择的实例都十分典型、具有很强的设计感且便于读者操作，部分章节皆以实例为基础进行介绍的，这样可以更好地帮助读者掌握所学知识。

本书在内容安排上由浅入深，结构清晰，配有相应的案例介绍，且重点突出，脉络清楚。希望本书为读者指明学习Adobe Illustrator的方向，我们将不胜欣慰。

最后，我们非常感谢波兰著名设计师Daria的大力协助。同时，我们由衷感谢读者选择阅读和使用本书！

前言

目录

第一章
界面与工具库介绍

▓ 界面介绍

打开Illustrator CS软件，便会出现基础的"默认工作区"(图1-1)，这些菜单、面板、控件皆能互相配合使用，能让初学者操作自如，更能让设计师灵活运用。以下作简单的介绍：

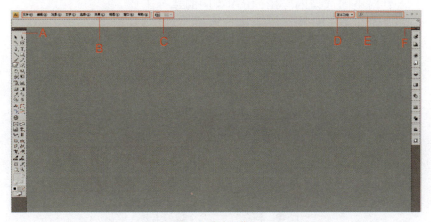

图1-1 默认工作区

A 工具库

除了以往的Illustrator必备的工具库外，在CS版本中则新添了多种工具，让原本需要经过复杂步骤的设计能更加简化，达到完美效果。

B 应用程序栏

本书以Windows系统为主，因此会看到"文件"、"编辑"、"对象"、"文字"、"选择"、"效果"、"视图"、"窗口"、"帮助"等这些下拉式菜单。

C 版面编排及转换

D 工作场所切换器：可随时切换

E 搜索帮助框

若计算机已连接上网络，便可搜索"社区帮助"里的内容；但若没有连上网络，便只能在帮助中搜索。

▣ 折叠的图示面板

原本这些如"导航器"、"色板"、"画笔"等面板需要由"窗口"的下拉式菜单中选择，而在CS版本里只需点击图像标记便可选择面板，这相当方便。

默认工作区中有一大块呈现灰色的区域，这便是我们的"工作桌面"，属于设计工作的区域范围。

▦ 工具库介绍

屏 幕左方"工具库"包含多种设计工具，让使用者在制作对象时能更加灵活地操作及应用，让作品更加完美。

一、选择工具系列（图1-2）

针对不同选择的应用，使用不同的选择工具。

选择工具——用光标点击选取整个对象（快捷键V）。

直接选择工具——可单独选择对象的点或路径（快捷键A）。

编组选择工具——可选择组件内的单个对象。

套索工具——按住光标左键用不规则曲线选择点、路径、或对象。

魔棒工具——选择具有相似属性（如颜色相似）的对象。

选择工具（V）　　直接选择工具（A）　编组选择工具

套索工具（Q）

魔棒工具（Y）

图1-2 工具库–选择工具组

二、绘图工具系列（图1-3）

钢笔工具——创建对象最常使用的工具，可绘制直线和曲线（快捷键P）。

添加锚点工具——路径中需要增加锚点时使用（快捷键+）。

删除锚点工具——删除路径中多余锚点时使用（快捷键–）。

转换锚点工具——可以将平滑锚点及角锚点互相转换（快捷键Shift+C）。

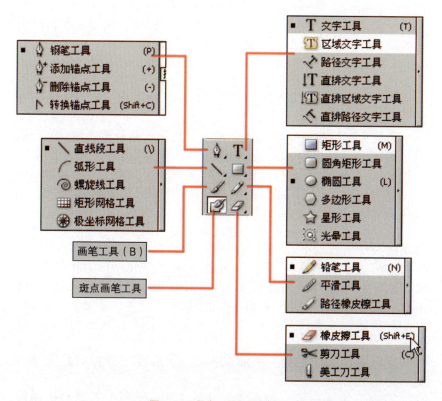

图1-3 工具库-绘图工具组

直线段工具——可画出任何直线的线段（快捷键 \ ），用鼠标左键点击画纸空白处，会出现设定数值的对话框，可设定长度及角度。

弧形工具——可任意画出内凹及外凸的弧形线条，同样也是点击画纸空白处，会出现设定数值的对话框，可设定长度、类型等。

螺旋线工具——轻松绘制顺时针或逆时针的螺旋线，点击画纸空白处便可设定螺旋半径、区段及样式等。

矩形网格工具——绘制矩形网格专用，点击画纸空白处后即可设定矩形尺寸、网格线分布等。

极坐标网格工具——绘制圆形网格专用，点击画纸空白处后即可设定圆形尺寸、网格线分布等。

画笔工具——能在向量软件中呈现手绘线条的流畅感，也可绘制出书法线条、路径图案，且画出的线条为路径线条（快捷键B）。

斑点画笔工具——此工具为CS版的新工具！与"画笔工具"最大的不同点在于绘制交错路径时，会自动将交错及相邻且有相同颜色的路径线条进行扩展及合并，相当便利（快捷键Shift+B）！

文字工具——点击此工具后，再单击画纸上的任何位置便可输入文字；但在画纸上将鼠标左键按住并往任一方向拖拉，便会出现一个文字容器，此时输入的文字便会被限制在此方块内（快捷键T）。

区域文字工具——可将文字输入于封闭的路径范围内。先绘制一个封闭的路径范围，接着点选此工具，单击此范围内任一位置后开始输入文字，但要记得按Enter键，否则文字会在下一行显现，输入完成后，文字会按照路径的范围呈现，但原先绘制的封闭路径线条会消失。

路径文字工具——可在路径线条上输入文字，而文字会依照路径走向及形状自动更改，输入完毕后，原路径线条会消失。

直排文字工具——需要输入及编辑竖排文字时（如中文、日文、朝鲜文），便可使用此工具。可单击画纸后直接输入文字，也可制作一文字容器，限定文字输入的范围。

直排区域文字工具——和"区域文字工具"相同，只是文字改为直排输入。

直排路径文字工具——和"路径文字工具"相同，只是文字改为直排输入。

矩形工具——可绘制任意尺寸的矩形，绘制正方形时则加按Shift键便可。

圆角矩形工具——可绘制任意尺寸的具有圆角的矩形，绘制正方形时则加按Shift键便可。

椭圆工具——可绘制任何尺寸的椭圆形，绘制圆形时则加按Shift键便可。

多边形工具——单击画纸上任一空白位置后，将出现一对话框，输入想要的半径及边形数值便可制作规则多边形。

星形工具——单击画纸上任一空白位置后，将出现一对话框，此时出现两个半径数值：一是星形的外围半径，另一个是内围半径，其中所包含的边数皆可自行设定。

光晕工具——能创建出近似太阳光晕或镜头光晕的效果。同样也在单击画面后出现数值输入的设定对话框。

铅笔工具——可以绘制及编辑自由线段（快捷键N）。

平滑工具——能将原本不顺畅的贝塞尔路径线条平滑处理。

路径橡皮擦工具——可擦掉路径及锚点。

橡皮擦工具——将鼠标左键按住并拖移,便可任意地擦除对象(快捷键Shift+E)。

剪刀工具——点击对象路径线条后,便会出现新的锚点,再用"选择工具"点击并移开刚才用"剪刀"剪下的路径线条即可(快捷键C)。

美工刀工具——用光标在对象上"划过",划直线或不规则曲线皆可,如同使用真正的美工刀一样,可将对象分割成两个或多个物件。

三、改变形状工具系列（图1-4）

旋转工具——点击此工具时,对象上会出现一个圆形十字的固定点,以此固定点为中心旋转,想要更改固定点位置则将鼠标移至新位置,然后双击即可(快捷键R)。

镜像工具——与"旋转工具"概念相同,制作左右对称或镜面反射的对象时可用此工具(快捷键O)。

变形工具——移动光标便可任意改变对象形状,就像捏塑黏土一样。

旋转扭曲工具——用鼠标左键点击自己创建的对象,便可制作扭曲旋转,鼠标左键按得越久,对象就越往内增加旋转圈数。

缩拢工具——通过十字线向内缩拢的方式改变对象形状。

膨胀工具——与"缩拢工具"不同,而是远离十字线向外呈圆形膨胀状;也可用光标直接拖拉让形状改变。

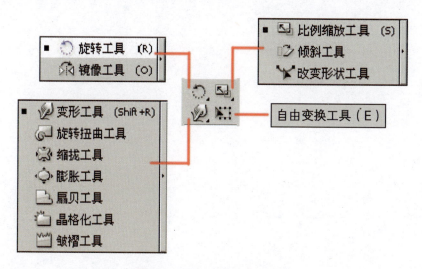

图1-4 工具库－自由变换工具组

扇贝工具——可使对象的轮廓变成随机弯曲的外形。

晶格化工具——可使对象轮廓变成锥化的效果。

皱褶工具——可以做出类似衣服皱褶效果的工具。

比例缩放工具——依据固定点位置，围绕并调整对象大小（快捷键S）。

倾斜工具——依据固定点位置，可以对对象做任意倾斜角度的调整。

改变形状工具——保留原路径线条及锚点的完整性，还能调整选取的锚点。

自由变换工具——可对对象执行比例缩放、旋转、倾斜的指令（快捷键E）。

第二章
开始与基本工具

开始与基本工具介绍

1 开启Illustrator CS软件界面

将鼠标移到界面左上方的文件菜单，按下"新建"，也可以使用键盘上的"Ctrl+N"，一样可以新建文件（图2-1）。

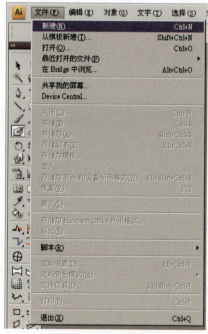

图2-1 新建文档

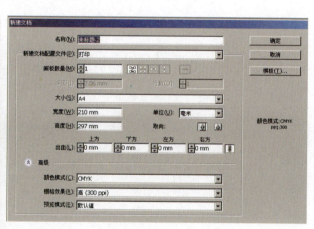

图2-2 新建文档设定

2 新建文件的设定（图2-2）

根据软件的默认设定，可直接按下"确定"键。通常使用默认的数据值即可。

3 在新建文档之后，便将一张简单的铅笔稿置入。如何置入呢？在"文件"下点击"置入"（图2-3），接着系统会出现一个对话框，选择您想要置入的铅笔稿（图2-4）。

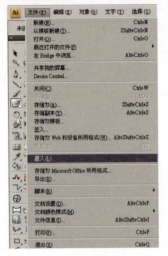
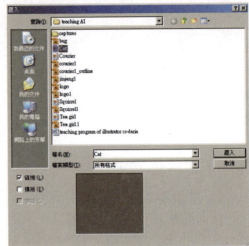

图2-3 文件-(重要指令)-置入 　　　　 图2-4 选择要置入的文件

　　在置入图片之后,可看到显示的图片是一张简单的猫咪铅笔稿(图2-5),在画面的右方确认"图层"对话框已开启。然后点选新建图层的标示,便会出现一个新的图层(图2-6)。

图2-5 打开图层调板-制作新图层

图2-6 产生新图层

图2-7 锁住可见图层

点击位于"眼睛"标示旁边的灰色方格，就是"锁住可见图层"（图2-7），此时原本的灰色方格内会出现一个锁头形状。

将图层1锁住之后，就无法用指针工具移动桌面上的猫咪图案了，也不会出现方型的边界范围（图2-8）。

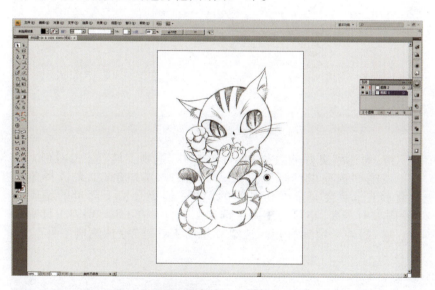

图2-8 锁住图层、无法移动

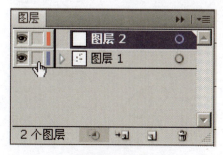

图2-9 图层解锁

若再次点击锁住图层1的"锁头"标记，就完成"图层解锁"（图2-9）。

如果不想移动图层或是不必要改变时，锁住图层是很常用的方法，让设计者不受拘束地工作，不必担心在操作过程中误删或是遗失某些对象。

⑤ 再把图层1锁住，接下来在图层2中开始绘图。这里要利用一些简单的工具把原本为"位图"的图片制作成"矢量"图！最基本的工具便是"铅笔"（不是真正的铅笔喔！图2-10），它能充分地对线条进行编辑，但效果非常规整而无变化，此时需要其他更相近且自然的媒体工具。

图2-10 铅笔工具

⑥ 为达到更好的效果，也可以使用"笔刷工具"（图2-11）。

在笔刷选项里选择能呈现多变化的厚实线条，如果选择笔刷变化挤压，便会完全模仿真实的笔刷，但仍会留下简单的编辑线条，假如有需要，也可使用固定选单工具、柔边工具、剪刀工具等。

⑦ 另外一项具有相同视觉效果的工具是"涂抹笔刷工具"（图2-12）。

图2-11 笔刷工具

图2-12 涂抹笔刷工具

与笔刷工具相反的是,它不是用于开放线条而是用于封锁的路径,这对初学者来说有一点难度。在图2-13中,可以看到使用所有工具的结果。

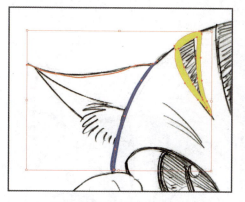

图2-13 三种笔刷的结果比较

图2-14 使用笔刷描绘轮廓

⑧ 接着使用笔刷工具描绘轮廓(图2-14),这能让我们在短时间内正确使用线条又不会遗失形状,不过在编辑线条时也可以使用其他的工具,而不单是笔刷工具(图2-15)。

图2-15 编辑笔刷工具

例如使用"锚点选择工具"!快速点击一个锚点并拖拉到想要的位置,在拖拉的过程中可以针对形状作改变及控制。

⑨ 有时画出的线条太长，但又不想改变形状及笔触厚度时，可以使用"剪刀"工具（图2-16）。

在想要编辑的区域内点击线条或特定的锚点，用"剪刀"工具剪切时将会分成两个部分，在这之后接着点击并删除多余的部分（图2-17）。

图2-16 用"剪刀工具"将线剪切　　　　　　图2-17 删除超出的路径

⑩ 使用平滑工具（图2-18）

有时候画出的线条并不完全是工整的，也会有歪七扭八、过度复杂或是弯曲状（例如使用鼠标或数字板时，手部疲劳或是摇晃时），这时不要急着把线条删除重做，只要按住工具箱中的"铅笔"工具，便会出现右拉式的工具选单，选择"平滑工具"便可开始修复。

图2-18 从工具箱中选择平滑工具

保留路径的选择点并简单画出想要的线条形状，将可以看到细小的点状笔触。

使用平滑工具后，路径的形状会有微小的平滑及简化，这步骤可一直重复，直到线条呈现很顺滑的状态（图2-19）。

图2-19　使用平滑工具让线条更优美

11　接着可以继续使用"钢笔工具"编辑（图2-20），让线条达到完美！同样也是在工具箱中点击便可使用，或者使用键盘的快捷键"Ctrl+P"，若是不清楚快捷键是什么，按住"钢笔工具"不放，除了可以看到系列工具，还可知道快捷键。

简单的钢笔工具可用来创造"锚点"，也可以连接到其他锚点（图2-21）。

在工具箱的钢笔工具里有个"+"号是"添加锚点工具"，它可以在已经形成的线条或形状轮廓上增加锚点；而"－"号则是"删除锚点工具"，它能将多余的锚点删除，但必须在锚点的点上点击才能删除；"转换锚点工具"则是将简单的点转换为柔顺的点或是具有棱角的曲线。

图2-20　使用钢笔工具编辑线条

图2-21　移动锚点把柄并向外移动

12 我们可以再次使用笔刷工具画线并不断地编辑,也就是改变笔触的密度。首先我们必须选取线条,接着选取笔刷调板并点击笔刷的选项标记(图2-22)。

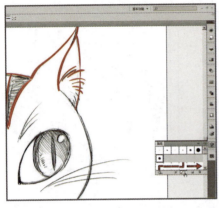

图2-22 选择在画笔属性菜单里的笔刷调色盘

图2-23 改变描边选项数值

显示对话框后,我们可以针对设计上的需求做更改及选择(图2-23、图2-24中更改的是描边选项),可在"预览"的小方格内打勾,这样数值有任何改动时,皆可直接在工作桌面上看到,在确认更改之后便点击"确定"。

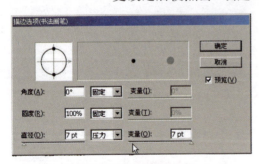

图2-24 描边选项更改细节

13 操作过程中要不断地确认效果(图2-25),和速写不同的是:它是显示在屏幕上的!(图2-26、

图2-25 确认在有背景时的线条效果

图2-27)Illustrator可以让对象或是图层快速隐藏:用光标点掉图层调板中的眼睛标记,眼睛标记消失就表示该图层被隐藏(图2-28);而眼睛标记显现则是指该图层为可视图层。

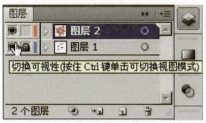

图2-26 图层可见模式

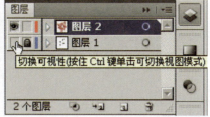

图2-27 切换背景预视确认效果

图2-28 图层隐藏时屏幕显示效果

14 接着继续使用工具将图画完成（图2-29）。

图2-29 绘制完成并全部圈选

在图片完成后，使用键盘快捷键"Ctrl+A"便能圈选所有线条，而按"Ctrl+G"则是将这些线条组合成"群组"。

15 图片完成（图2-30）。

图2-30 完成所有线条描绘

第三章
图像设计与衍生产品

通过第二章课程的学习，我们了解了制作精美向量图案的基础概念。在接下来的课程中，除了会多次使用到前文的基础概念外，还会增加在图像设计上需要注意的事项，例如本章介绍的"图像设计"，以及将设计完成的图像应用到各种"衍生产品"上。

所谓的"衍生产品"，它所代表的不只是一个单纯的名词，而是会带来更多具有利润与价值的契机。例如一个简单的商标设计，通过各种不同的平面广告（如商业名片、包装纸袋、海报等）达到基本的宣传效果，让消费者在使用商品之余，替商品、商标进行宣传，以挖掘更多潜在的消费者。

也许您会问：我怎么知道消费者喜欢哪些商品？又从何得知？根据笔者的经验，这些商品在用途上最好能够和日常生活、行为习惯有紧密的关系，除了一般常见的绒布玩偶之外，其他像是随身保温杯、杯垫、纸袋、资料夹、垫板、文具用品、计算机外设用品等，仔细想起来还真不少！虽然这些商品不起眼，好像可有可无，但是越小的物品越是具有创意开发的特点！这些商品在经过缜密的设计过程及相关市场营销概念的相互配合下，不仅让商品本身具有知名度，还能让位居商品背后的公司得到更多消费者的认可与青睐，具有印象加分的潜在效果，将来推出的任何商品都能轻易被消费者购买，达到更大的利润效益。

在图像上进行制作

1 将鼠标移至"文件"菜单并点击，选择"打开"（图3-1）。
2 选择想要制作的ai文件（图3-2）。

图3-1 从文件菜单中打开数据　　　**图3-2 从打开清单中选出要制作的文件**

３　　开启该文件后，使用键盘快捷键"Ctrl＋A"做全选，然后从"编辑"的下拉式菜单中选择"复制"（图3-3，快捷键则是Ctrl＋C）。

图3-3 选择全部并复制

④ 创建一个新的图层（图3–4）。

⑤ 选择新创建的图层2，将图层1隐藏起来并锁住（图3–5）。

⑥ 为图层2贴上物件：点击"编辑"的下拉式菜单并选择"贴在前面"（图3–6，快捷键Ctrl+F）。这样我们用到的新图层便会贴在与原始图案相同的位置，若不是必须将对象贴在同一位置的话，也可以直接选择"粘贴"（快捷键Ctrl+V），这样新的对象会贴在画纸上的任一处。

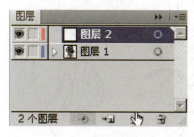

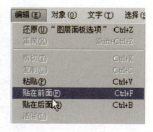

图3–4 创建新图层　　　　　　图3–5 将图层1锁住并隐藏　　　　　图3–6 选择"贴在前面"

⑦ 现在来看看这张图的细节（图3–7）！我们打开的这张图全都由笔刷线条所组成，但接下来则是如何适当地配色。此时发现了一个问题：这些笔刷线条虽然很优美、很顺畅，但都是开放的线条，就是不属于封闭线条，也就会出现部分无法填色的问题！若此时将所有线条"直接更改"为封闭线条，那么这张线条图片的结果会和原先的图片有很大的区别，因此我们不选择这种方式。

图3–7 放大图片观察绘图结构

可以使用"铅笔工具"或是"钢笔工具"绘制新的线,但是这种
方式会花掉更多的制作时间。因此能够节省时间又能达到最好效
果的方式便是将笔刷线条转为封闭路径。

图3-8 点选"扩展外观"　　　　图3-9 点选"扩展外观"之后

8 点击"对象"的下拉式菜单,选择"扩展外观"(图3-8)。

选"扩展外观"之后,这些笔刷线条便会自动转成封闭路径(图
3-9、图3-10)。

图3-10 由笔刷线条改变为封闭路径后的结构

9 现在我们有大量可以准备上色的黑色网格线,但在这些空白处要填入哪些颜色呢?首先我们需要将线条从一个错综复杂的文件改变为复合路径。用快捷键"Ctrl+A"将所有线条圈选,接着在屏幕右方的折叠图标面板中找到并点击"路径查找器"调板(图3-11)。

图3-11 路径查找器

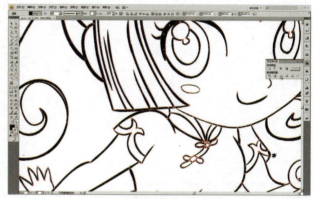

"路径查找器"最主要的功能是从重叠的对象中创建出一个新的形状。以本范例来说,现需要的是制造填色的区块,因此点击"合并"图标(图3-12)。

图3-12 使用路径查找器中的合并工具

10 点击"合并"图示后,可看到所有的线条已经成为一个对象了(图3-13)。

图3-13 合并结果=成为一个对象

11 现在再次点击"对象"的下拉式菜单,并选择"复合路径→释放"(快捷键Alt+Shift+Ctrl+8,图3-14,图3-15)。

图3-14 对象→复合路径→释放　　　　　　　图3-15 释放路径结果

路径释放之后，使用"铅笔工具"（"钢笔工具"亦可）为图片制作填入色彩的色块（图3-16）。

图3-16 使用钢笔工具填入色彩

12 接下来可以看到原先空白的部分转为对象，且外轮廓也被填上相同的颜色（图3-17），主要是为了让后续步骤能更完整执行并便于查找，此步骤对于后续工作是相当重要的！

🔢 点击打开"对象"的下拉式菜单，选择"取消编组"的选项（快捷键Shift+Ctrl+G，图3-18）。因为当路径释放之后，虽然在工作画纸上可以看到多锚点，但这个由块状组成的对象仍是处于"编组"状态，因此要将此状态取消，以便后续的配色与填色。

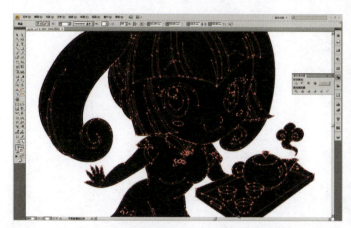

图3-17　添入色彩结果　　　　　　图3-18　对象→取消编组

🔢 在对象取消编组之后，使用"选择"或是"指令选择"工具，将最大的块状（即整个人形最主要的块状）找出并删除（图3-19）。

图3-19　选出整个最大的块状并删除　　　图3-20　删除块状结果

🔢 删除块状之后（图3-20），我们可以看到线条呈现空白状，同时也要注意到有些线条已经遗失！但实际上这些线条不是真的不见了，而是因为其他太长的路径线条将它们遮蔽住了，当然也有确定所有线条是否都存在的方法：就是从"视图"的下拉式菜单中点击"轮廓"（快捷键Ctrl+Y，图3-21），此时色块便会呈现反白的状态，以便确认是否有线条遗失（图3-22）。

图3-21 视图→轮廓

　　确认没有线条遗失后（基本不会有线条或色块遗失的问题，只不过是被遮蔽而已），再执行一次"视图→轮廓"的

图3-22 轮廓显示结果

步骤，又会返回黑色色块组合的状态，要开始准备上色了！

　　16　执行前面这些步骤之后，现在我们可以填入色彩了！如果隐藏太多细节而影响视觉的话，那就从步骤14开始填色，从"色板"调板中选取颜色直接填入（图3-23，图3-24），之后再将此色块从"对象"的下拉式菜单选择"排列→后移一层"（图3-25，快捷键Ctrl+]），此时便会看到原先被遮蔽但未遗失的五官形状，如图3-26。

图3-23 在色板调板中选择色彩

图3-24 填入颜色

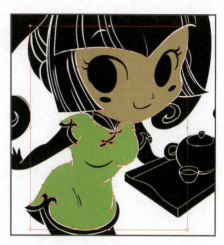

图3-25 对象→排列→后移一层

图3-26 填色后再往后移一层的结果

17 将路径上色有很多种方法，像是色板调板中的默认色彩，也可以自行调整色彩数值及样式。而将色彩填入路径里，只需要点选路径块范围，接着在色板调板中点击想要的色彩便可。

18 我们可以保留填入色彩的所有路径，但仍然无法将轮廓上色，这样很难达到我们所预期的成果。在图层1可以预见轮廓线，目前线条是黑色的所以无法清楚地辨别，不过我们可以试着改变一下轮廓线的色彩，换另外一种颜色。

笔者用"魔术棒工具"（图3-27）在同一时间一次选出所有黑色的对象，接着双击"魔术棒工具"，此时便会出现一系列魔术棒选择工具菜单。设定填入颜色数值为0，并用光标点击"魔术棒工

图3-27 用"魔术棒工具"选取黑色对象

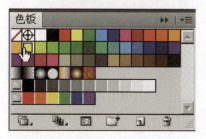

图3-28 选择鲜明的颜色-鲜黄色

图3-29 填入鲜黄色

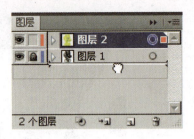

图3-30 移动图层2的排序

具",在画纸上选择所有黑色对象,再改填入一个较为鲜明的色彩,这里笔者选择的是鲜黄色(图3-28、图3-29)。

由于填入鲜黄色,黑色的轮廓线反而被遮蔽住了,我们不必慢慢地把路径一层一层地往前或往后移,只需要调换两个图层的排序:把光标移至图层面板,点击选择图层2并拖拉到图层1之下,如图3-30。

调换这两个图层排序之后,就能看到黑色的轮廓线压在所有填色色块之上(图3-31)。以后在制作需要有轮廓线辅助的图像设计时,切记要将有轮廓线的图层移到图层面板里的最顶端,这样才能在画纸上看到清楚的轮廓线条,而不是被各种填色色块遮蔽住。

图3-31 移动图层排序之后的效果

有时系统默认的样式或色彩不足以让我们尽情地使用,幸好我们还能有方法解决这种困扰,这便是使用"颜色面板"!在"颜色面板"的属性中可以显示不同的色彩数值样式,这里我们使用的是"CMYK"模式,也是在印刷界推用的模式。

在CMYK面板内改变色彩是非常简单的,可用光标直接拖拉色彩条下的三角形箭头(图3-32),此方法可看到色彩渐进式地更改;或是直接点击色彩条的位置;也可以在面板右方的百分比空格内直接输入数值。

图3-32 改变色彩

若想要填入白色，便将所有色彩滑块移到最左方，或是直接输入"0"；但若是要填入黑色，只需要将"K"色彩滑块拖拉至最右方，或是直接输入"100"便可。

此时继续上色。并将原本觉得不适合的色彩进行更换（图3-33、图3-34），更换方法可按照先前介绍的直接在色板上挑选或是在CMYK面板上调配。

图3-33 更换发型色彩   图3-34 更换眼珠及脸的色彩

在色彩调配的过程中，若有觉得不错且合适的色彩，想要在以后的设计中用到，但在"色板"选项中没有收录这种色彩时，可以将这新的色彩用"新建"的方式收藏在色板面板中。

首先点击"色板"面板中的"新建色板"标记，如图3-35。接着会出现一个新的对话框，如图3-36，会再次确认要新建的色彩的各项设定值。

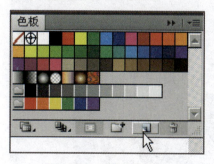

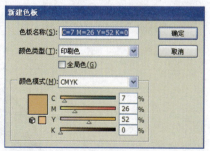

图3-35 点击新建色板标记   图3-36 新建色板设定对话框

按下确定键之后，色板上就会出现刚新建的颜色，如图3-37（有白色方框框住的）。

19 接下来我们在图像人物的眼睛部位制作一点渐变，这样才不会让整张图看起来略显单调。这部分可以使用渐变效果来突显眼神的神采。可以在"工具面板"中点击渐变标记，便会出现"渐变面板"，里面的颜色、数值、类型都可改变（图3-38）。

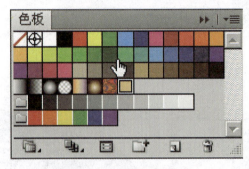

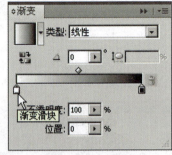

图3-37 色板颜色新建完成　　　　图3-38 渐变面板

20 打开"渐变面板"后，原本选取的填色范围由单色改为渐变色彩（图3-39），但系统默认的渐变色彩及类型并不是这里所需要的，如图3-40所示，因此要做一些参数值及其他相关的更改。

系统默认的渐变色彩为黑色至白色，在此范例中若是使用黑色至白色为眼睛色调的话，会让整体看来单板，且没有俏皮可爱感，因此我们保留黑色，将白色更改为乳褐色。

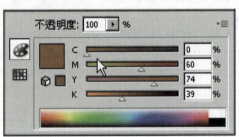

图3-39 改为渐变色彩　　　　图3-40 更改眼睛色调

更改颜色后如图3-41，虽然眼珠的色调让整体看来较为立体，但与其他色块相比仍显突兀，因此必须将渐变的类型再做调整。

图3-41 更改眼睛色调之后

回到"渐变"面板，为了让两个色彩之间更为柔和，我们还需要在渐变滑块中再增加一个颜色作为中间调整的基准。如何增加呢？把光标移到渐变滑块下，此时光标箭头旁会出现一个"+"符号，图3-42，鼠标左键双击之后便会出现一个新的色块图3-43。

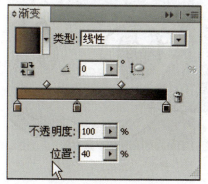

图3-42 渐变滑块设定　　　　　　　图3-43 增加滑块色彩

现在，眼睛的色调已大致拟定，但光点的角度仍需要再修正。修正的方法有几种：一是先选取对象并开启"渐变"面板，点击进入调整角度的窗口，输入合适的数值。另一种方法也是先选取对象，点击位于工具面板中的"渐变"标记，接着按住鼠标左键并拖拉移动，制造适合的渐变角度，这部分可多次试验，试着多拉几次不同的角度并反复查看整体是否能相互配合（图3-44）。在拖拉鼠标的同时，可以看到对象内色彩渐变的移动；或者也可以在"对象"下拉式菜单中直接编辑渐变效果，且不需要开启渐变面板（图3-45）。

这个制作方法也可以同时编辑超过一个对象的渐变效果，同样也是选择对象，在想要展现渐变效果的方向用光标拖拉的方式执行便可。

图3-44 改变渐变方向及角度　　　　图3-45 选择两个对象执行渐变效果

若是想要改变渐变类型,可以选择"渐变"面板,然后选择"类型"中的"线性"或是"径向"选项(图3-46、图3-47、图3-48)。

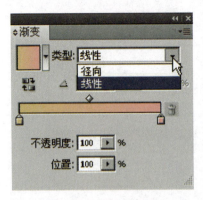

图3-46 更换渐变类型

图3-47 渐变类型→线性

图3-48 渐变类型→径向

最后如果想要将渐变效果储存成样本,也是和步骤15相同的制作方法,只需要在色板面板中点击渐层标记。

21 现在可以运用本节所学到的所有工具继续完善作品,或是重新加上渐变效果的填色。笔者建议可以在图像人物的前额刘海上加些光面,增加立体感,此部分可以用工具面板中的"笔刷工具"进行操作(图3-49),此样式可在轮廓线的图层1中绘制。最后完成图像人物的设计(图3-50)!

图3-49 用"笔刷工具"增加亮面

图3-50 图像人物完成

商标(Logo)制作

在我们的生活中,商标随处可见!矗立在高楼大厦间的商业大楼、平常进出的银行、公司、政府机关等都经常看到商标(Logo)的存在。

商标(Logo)必须代表着该公司的企业精神、品牌概念及专业素质,让人看一眼便知晓并产生联想。而商标通常会由文字、几何图形、具体(或漫画)人物、实际商品等多种元素组合与搭配,例如只使用文字时,要考虑到中英文的排列,文字本身可加些特殊的几何效果,像是线条或块状。在色彩搭配上也需要小心谨慎,因为商标本身是简化过的图案,若是赋予太多的色彩,反而会让人不易产生印象,笔者建议最好是4种以内不同色系的色彩配合,一是考虑到后续生产平面衍生产品在印刷厂制版阶段时,单色处理费用比起四色甚至是特殊色(金色、银色)便宜许多;二是商标(Logo)本身仅是一小图案标记,如刚才所提,太多颜色看起来只会觉得繁杂,而印象不会深刻。

本小节的课程中将介绍如何使用现有的基本图像设计一个简单的公司商标。在设计的过程中,介绍简单的工具,如"路径文字",来设定一路径填入文字,以及剪贴路径的多种功能等。

接下来就开始设计商标(Logo)了!

1 当我们在设计商标之前,必须先对企业(就是需要设计商标的公司)有个基本的了解,才能开始设计。笔者强烈建议在设计前先画一些简单的设计草稿,这样能让接下来的进度加快!这里笔者以一家饮料店铺为范例(图3-51),使用我们在前一节所绘制的图像女孩作为商标设计的基础。

图3-51 商标设计草稿

2 草稿绘制完成后,扫描草稿存进计算机里,打开先前制作的图像女孩文件,将这两个文件放置在同一张画纸上(图3-52),记得要分开图层,并把草稿的图层锁住(如图3-53)。

图3-52 在画纸上放入两个图档　　图3-53 图层分开并锁住

接下来我们可以开始设计了！其实在草稿绘制时便可看到，笔者只是选取女孩图像的一部分进行再设计，而实际上哪些范围要被隐藏，此时尚未有确切的指定，所以不要立刻将图片做剪切，否则会让设计过程更加复杂。为了避免过多的裁切，我们可以使用剪切蒙版的功能。而制作剪切蒙版的第一步就是先画一个您需要的几何图形，这里以圆形做示范（图3-54），接着再将此圆形移到画面的底层，或者使用快捷键"Shift+Ctrl+["（图3-55）。

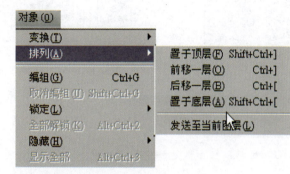

图3-54 绘制圆形　　　　　　　　　　　　　　**图3-55** 将圆形置于底层

接着将这圆形复制在同一位置，使用键盘快捷键"Ctrl+C"复制之后，再按"Ctrl+F"便可在原先圆形的所在位置贴上相同的圆形，这时把新复制的圆形置于女孩图像的顶层（图3-56），同时选取女孩图像与放在顶层的圆形（图3-57）。

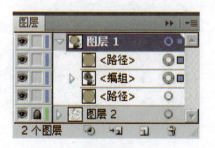

图3-57 同时圈选的对象对照

图3-56 新圆形置于顶层并与图像女孩同时圈选

两个对象同时选取之后，点击"对象"下拉式菜单选择"剪切蒙版→建立"（图3-58），便会看到原先置于顶层的圆形因为成为蒙版而消失（图3-59），但由于我们已经制作了一个置于底层的圆形，因此我们还是可以看到完整的饼状图像（图3-60）。

图3-58 对象→剪切蒙版→建立

图3-59 置于顶层的圆形消失

图3-60 蒙版建立结果

现在我们有了基本的商标雏形，但这时发现如果女孩依照圆形蒙版剪切的话，看来会呆板许多，因此笔者想将女孩图像突出于圆形底框外。想直接圈选移动反而选取了所有对象（图3-61），该怎么办呢？此时不必重复以上步骤，只需要简单的方法，再移动一下图像就行，但要注意不要选错图层喔！

之所以会圈选到所有对象，是因为原本的蒙版设定并未释放，这在图层面板中可以清楚看到（图3-62）。

图3-61 圈选物件

图3-62 蒙版释放前的图层状态

用光标单击图层面板中"<编组>"左方的三角形，便会看到包含剪切蒙版在内的所有对象，这些对象仍然保留未变化的部分，只是被蒙版遮蔽或隐藏起来了，可以单击右方的小圆圈（这样对象就能被单独选取）后开始移动对象，也可以在蒙版群组中直接新增对象（图3–63）。

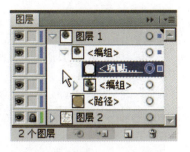

图3-63 位于图层面板中的蒙版群组内容

在图层面板中可看到这些对象全都出现在蒙版群组中，想要增加新对象时，只要用光标拖拉到蒙版群组里面就行。

也可以直接编辑蒙版形状，先使用"直接选择工具"选取路径，或是在图层面板里面选择对象的下拉式菜单。这种方法经常会用到，就像我们在不改变任何对象、绘图或照片时，可以随时制作并释放，开启"对象"的下拉式菜单里"剪切蒙版→释放"后（图3–64），便可自由放大或缩小对象尺寸（图3–65）。

图3-64 对象→剪切蒙版→释放

在去除掉一些用光标画出且可编辑的部分蒙版剪切路径时，就可以继续进行设计了。

接着选择底层的圆形（现在已经成了背景），在相同地方再次执行复制及粘贴，再将它放到最底层，同时按住键盘的"Alt+Shift"键，此时圆形的尺寸会以中心点为圆心向外放大，但不会改变此圆形的比例（图3-66）。

图3-65 将女孩范围放大　　　　　　　　　图3-66 将圆形依中心等比例放大

此时看到我们的商标圆形外围仍有黑色的轮廓线，可以试着改变轮廓线的颜色及笔触，可点选该轮廓线后开启"描边"面板，改变里面"粗细"的数值（图3-67），可加宽或减细，接着到"色板"面板中选取合适的色彩（图3-68），以搭配整体商标效果。

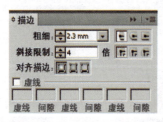
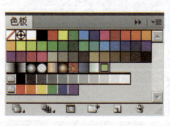

图3-67　"笔划"面板数值更改　　图3-68 在色板中挑选合适的色彩

图3-69 改变轮廓线外观

内部圆形的轮廓线也要改变喔！

如果对对象笔触更改结果满意，那么接着选取对象，点击"对象"下拉式菜单，选择"路径→轮廓化描边"，并且以此方法改变其中一个对象的轮廓线（图3-69、3-70、3-71、3-72）。

图3-70 内部圆形轮廓更改

图3-71 对象→路径→轮廓化描边　　　　图3-72 执行轮廓线描边结果

　　接下来的步骤则是输入文字，文字与图像的配合能更加突显商标的特色，所以绝对需要输入公司名称。

　　再次选取内部圆形，复制并在原位粘贴，并将复制的圆形由圆心向外放大约2mm左右（图3-73）。接着在工具面板中按住"文字工具"不放，会出现一系列的工具，选择"路径文字工具"（图3-74）。

图3-73 复制的圆形向外放大约2mm

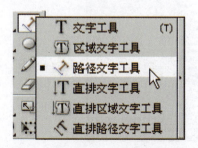

图3-74 工具面板→文字工具→路径文字工具

然后点击刚才复制的圆形并输入文字,当光标在路径上点击时,在开始打字的地方(图3-75)、中间停顿及结束时会出现一个括号记号(如图3-76)。

当光标移到文字输入区域以外的地方时,原先打字的起点与终点会出现一个小的菱形标记,而文字的中心点则会出现一个长的括号。

想要移动刚才输入的文字的位置时,则沿着路径拖拉文字中心点的括号。沿着文字路径的方向浏览,将它拖拉到超出路径的地方。

图3-75 开始沿路径输入文字

图3-76 输入文字后效果

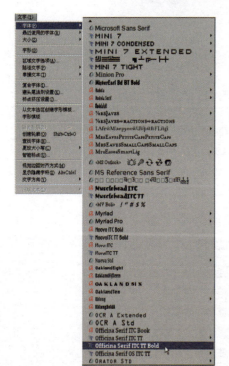

图3-77 更换选择适合的字体

现在我们已经输入文字了,但还没有完成,因为刚才输入的文字的字体及大小都不适合女孩图像,所以接下来要找到合适的字体,以便与设计好的图像融合。而要改变文字字体时,在"文字"下拉式菜单中选择"字体",此时会出现很多种各式各样不同的字体(图3-77),从中找出适合的字体(这部分可多试几次)。

使用字体菜单是非常方便的,因为在点击菜单时所出现的字体,基本已经先显示字体的效果了,除非要输入的文字很长,比如是绕一整圈的文字,才需要多试几次检视整体效果。

接着改变字体的色彩及尺寸大小!改变字体色彩非常容易,用"选择工具"选取字体后,可直接点击"色板"上的颜色,或是在"色彩"面板上拖拉滑块,就可轻松地改变字体色彩(图3-78)。

改变字体大小也是相当容易的！首先也是选择字体对象，在字体的属性面板里直接更改尺寸大小。若是系统默认数值里没有想要的尺寸，可以直接输入数值进行设定。

还有另外一个设定字体的方法，先点击选择字体，接着执行复制并在原处粘贴。然后调整圆形并拖拉中间括号，将刚才复制的文字翻转到圆形里面，再改变文字方向，设定文字大小及终点位置（图3-79、3-80），如同刚才在圆形上设定的一样。

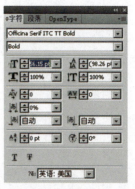

图3-78 改变字体色彩　　　　　　　图3-79 改变字体大小及其他设定

如果对于在对象内改变文字的结果感到满意的话，再次选取上下两部分文字，并加上键盘快捷键"Ctrl+Shift+O"，可使文字改为曲线化（图3-81）。

图3-80 设定另一部分的文字　　　　　图3-81 执行文字转为曲线的指令

这个"文字转为曲线"的指令在设计完稿前是相当重要的！首先，不是每一台计算机都有相同的字型，当对方计算机在接收稿件并开启时，若是没有相同字体，那么该计算机系统会自行选择默认或相近的字体作为替代。也许您会认为：既然会选择相近的字体，那让系统默认也没有关系。请注意！笔者所说的"相近字体"指的是与该字体名称相近的字体，而不是造型相近的字体，所以当系统没有该字体时所选择的替代字体，极有可能与原先设定的字体有非常大的不同，甚至会破坏设计的图像。

将文字转为曲线化的好处是：即使对方计算机没有您设定的字体，也不会对其所做任何变动及更改；但坏处是：若在文字转为曲线化后还想更动文字内容，譬如有英文打错、要再加几个中文字进去等，便无法再做更改，除非要更改的是文字的造型。这是需要注意的地方。

对于如何分辨文字是否转为曲线是很简单的，点选文字后，在文字周围只出现矩形方框及对准基底线，就表示这段文字的内容还可以再做修正（图3-82）；若是在点选文字后，文字周围出现很多的锚点，就表示这些文字已经转为曲线，无法再更改该文字的内容（图3-83）。

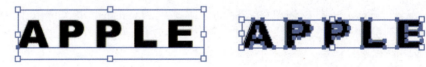

图3-82 文字未转为曲线　　　　　　　图3-83 文字转为曲线

接下来可以看到设计的商标已经接近完成的状态了，但在笔者看来还是有一点生硬，我们需要更加突显文字。

突显文字最基本的做法就是"增加阴影效果"，但若是拿捏得不好，有可能增加文件大小以及使文字更加模糊。比较简单的方法是：先将原文字复制及粘贴，然后改变色彩（如：比原文字更深的色彩），本范例中笔者使用深绿色作为文字的阴影色彩，之后对阴影文字对象执行"对象→排列→后移一层"（图3-84），也就是将对象放在原亮绿色文字的后方，并稍微移动其位置，好突显文字的立体感，注意不要距原文字太远，否则会让人以为有两段文字而不是阴影效果（如图3-85）。

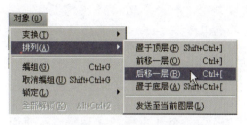

图3-84 对象→排列→后移一层

图3-85 移动阴影文字位置

最后，商标设计就完成喽（图3-86）！

图3-86 商标完成

⣿ 包装袋设计（package design）

您是否仔细看过产品的包装袋？不论是塑料袋还是纸袋，或者其他特殊材质的包装袋，都有几个共同点：传达品牌理念、强调产品特性以及反应消费心理等，这些基本的共同点皆以宣传商品、传递概念为主，潜在地影响消费者的购买欲；而包装袋除了带来方便之外，还有另一个作用，就是保护商品，这也是包装袋最基本的作用。

传达产品理念——除了代表公司、企业主所给予消费者及使用者第一眼印象的商标之外，例如该产品本身强调环保，那么在包装袋的材质设计时就必须考虑到环保材质，以便与产品呼应。

强调产品特性——当一项产品需要深入人心时，需要设计一段简短而醒目的广告语，能让消费者朗朗上口，而这句广告词也必须能反映产品的特性与特色。

反应消费心理——除了商标之外，色彩占据包装袋50％以上的面积，且大多是作为背景。这部分包括了色彩所赋予的特殊意义，例如消费群为年轻女性时，色彩以淡色、粉色系为主，强调梦幻浪漫；若消费群为中年男性，使用色彩则以深色系列为主，表现低调、深沉之意；当然也会看到色彩鲜艳、华丽的包装袋，依据所设定的消费年龄段，使用的颜色也会有所改变。

不论包装袋的外观是简约大方、俏皮可爱，还是俗不可耐，皆能扩大或提升商品的价值，甚至间接传达企业主的形象。我们在前两

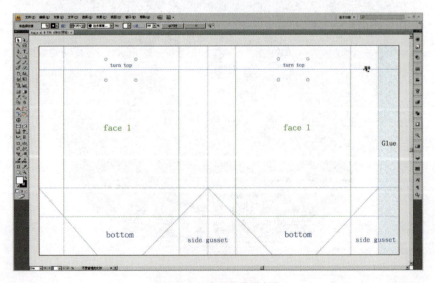

图3-87 开启包装袋样本稿

节中已制作了基本图像及商标，接下来则是利用商标设计一款实用与美观兼备的包装纸袋。

1 首先打开一张包装袋的样本稿（图3-87）。打开图层面板，将此包装袋样本所在图层锁住，接着新建一图层（图3-88）并移到包装袋样本的下一层。

打开我们在上一节所制作完成的商标设计图，用键盘快捷键"Ctrl+A"将商标图全部选取，再按"Ctrl+C"进行复制（3-89）。

2 复制后回到包装袋设计文件，使用快捷键"Ctrl+V"，即"粘贴"。粘贴之后将商标等比例缩小（需要等比缩小或放大时，除了按住鼠标左键拖拉之外，也需加按Shift键），并移至适合的位置（图3-90）。另请注意此时两个图层的关系

图3-88 锁住包装袋图层并新建图层

图3-89 开启商标设计图进行全选与复制

系（图3-91）：原先新建的图层是为上色使用，而商标所在的图层也是在此新建图层中，并将此图层拖拉至包装袋样本下层。

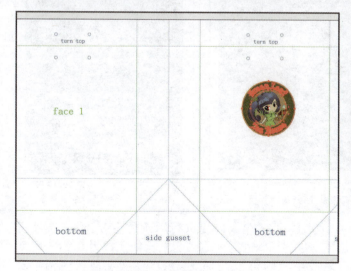

图3-90 粘贴后等比缩小并安排位置

图3-91 两图层关系

③ 使用工作面板中的"矩形工具"制作一个新的矩形方块，此矩形应该和包装袋样本上的矩形位置及尺寸相同（图3-92）。

④ 将光标移到画纸左边靠近工具面板的尺标处（图3-93），鼠标左键按住并拖拉出一条新的"参考线"，将它移到刚才建立矩形方块的中间位置（图3-94），接着要为这个包装袋输入广告标语！可以直接用光标点击工作面板上的T型"文字工具"，或是利用键盘快捷键"Ctrl+T"的方法开始输入文字。

图3-92 制作一个与包装袋样本相同的新矩形

从文字的控制面板中选择"对齐中心"，然后分行输入文字并进行选取（图3-95）。

图3-93 画纸尺标

图3-94 将参考线移到矩形中间

图3-95 分行输入文字并选取

⑤ 输入文字后将文字选取以便进行后续的更改，除了文字的字体要更改之外，文字大小也需要更改，才能让消费者在第一时间内清楚知道产品最主要的诉求及理念。可以在文字面板内调整文字字体及大小（图3-96）。

[6] 虽然字体及大小已经改变了,但是背景颜色及商标的搭配看起来还是有点生硬,因此接下来要将背景色彩再作修改,试试将其换成深绿色(图3-97、3-98)!

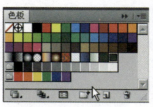

图3-97 在色板内挑选颜色

图3-96 更改文字字体及大小

图3-98 背景更改为深绿色之结果

[7] 更改背景的色彩后,虽然衬托出商标及广告标语,但笔者对目前的结果还是觉得不满意,毕竟看来还是有些许呆板,试着让背景能多些生命力,笔者建议加些纹样。

当决定要加上纹样后,建议先别急着找材质库里的既有纹样,这会花更多的时间去寻找合适的图案,可以试着自己制作一款真正适合本包装袋的专属纹样!

那么该从何下手呢?先仔细分析设计商标的原始涵义,以及所赋予的意义。例如在本范例中,是一家茶商店的礼品袋,为颠覆茶叶礼盒属于"老一辈"礼品的传统观念,因此以漫画人物为商标形象,但是在设计包装袋时,却要顾及整体形象不会因此而感觉浮躁,所以必须以深色系为主调。但是只强调深色系是不够的,我们必须加点与商标相关的纹样,让背景看起来年轻却又不失庄重。因此笔者决定使用女孩头上的"叶子"图样作为底纹!

接着选取女孩头上的叶子图案并复制(图3-99)。

图3-99 选取女孩头上的叶子图样

图3-100 笔刷涂抹工具

图3-101 将叶子线条补齐

8 叶子图样复制后在空白处粘贴，这时我们可以看到原先图样是不完整的，因此使用"笔刷涂抹工具"（图3-100）将叶子的图案画出完整且封闭的线条（图3-101）。

9 在使用笔刷涂抹工具前，先选取叶子图样，接着用拖拉的方法修补动作，此时会看到笔刷范围内有个小型"+"的标记，它会模仿原始笔触进行修补。在修补完成后，将叶子作为色板样本，再次点击矩形时，它会自动填补到矩形里，此时的设计看起来是不重复的，但这是在没有背景的状态下进行的（图3-102）。

10 接下来再做另一个测试。在空白处画一个小的矩形，色彩与包装袋的色彩相同，并在矩形内放一片叶子纹样，可以将它复制并多放一些叶子在里面。接着按照之前的方法再做一个新的样本（图3-103）。

图3-102 将叶子作为色板样本

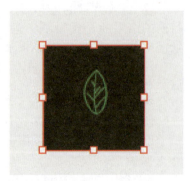

图3-103 再次制作新样本

11 我们所制作的纹样在矩形内无缝隙地重复，但是这种像"地砖"大小的纹样必须和矩形区域一样，笔者建议依此再设计一次纹样，让它看起来更协调。先将我们刚才制作的方形再放大一些，并且让叶子在这方形空间里做更多不同的变化，如不同角度的旋转，现在看来这纹样似乎比先前的活泼许多，足以当成包装袋的背景了（图3-104）。

12 确认纹样基本完成之后，别忘了将此纹样新增到色板里，这时可直接点选纹样，并由光标直接拖拉到色板里（图3-105），在光标右下方出现一个小的"＋"号时，再松开鼠标，新色板便产生了。

现在新的色板已经完成了，那么把原先填在包装袋

图3-104　再设计一次纹样

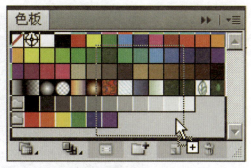

图3-105　再次将纹样新增为色板

的背景删除（图3-106），然后全部选取，可以在面板中将样本提取出来，并将它拖拉到空白的区域。在全部选取后，拖拉新色板样式并同时加按"Alt"及"Shift"键，便能将它复制到包装袋的另一面（图3-107）。

图3-106　填入新色板之后

图3-107　全选并复制到另一面

删除第二个矩形并回到第一个矩形内进行调整，再制作一个更大且足以盖住整个包装袋的图层纹样，距离接缝区域仅1厘米的笔触，这部分在印刷后便不会看到（图3-108、图3-109）。

在我们设计完包装袋的基本雏形之后，最后

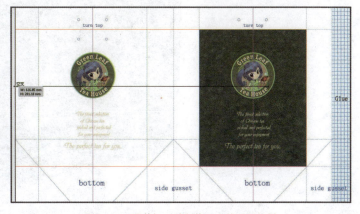

图3-108　调整矩形并制作更大的图层纹样

图3-109 大的图层纹样完成后

一个步骤，便是到Photoshop内进行合成（图3-110），之后才是大功告成！

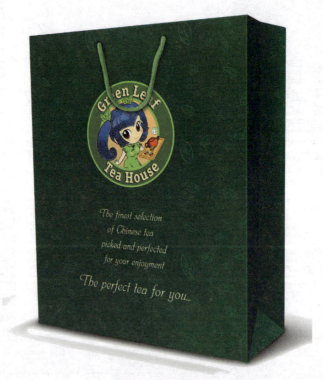

图3-110 包装袋合成

第四章
商业名片设计

　　经过前三章的课程，我们学习了描边、填色、制作商标及包装袋，接下来要学习的是如何设计一款商业名片。"名片"是宣传个人特色的第一步，所以很重要。

　　名片设计的种类很多，一般以横式矩形居多，不外乎是将公司名称、商标、个人姓名、联络方式等讯息放在90mm×50mm的范围中，但如何让接收名片者能一眼收到正确无误且不受干扰的讯息呢？这就取决于整体版面编排及色彩搭配了。本章所要示范的是利用已经完成的商标制作一款公司名片。

▦ 商业名片

　　1 首先要新建一文件，这里我们直接使用键盘快捷键"Ctrl+N"，便会直接出现一个对话框，输入名称、设定各项值，如：大小、颜色模式等。考虑到会在印刷厂印制名片，所以笔者采用的颜色模式为"CMYK"（如图4-1）。

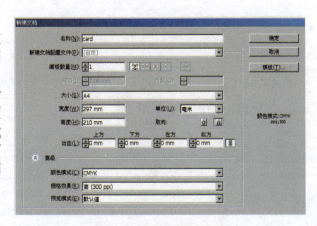

图4-1 使用快捷键新建文档

② 新建文档后，打开要置入的商标文件（图4-2）。从"文件→打开"所出现的列表中找出需要进行名片设计的商标文件。

③ 打开该文件后可以在工作桌面上看到一个飞天猴的商标，旁边还写了公司名称。接着将它们全部选取，可直接用"选择工具"选取，或是使用键盘快捷键"Ctrl+A"（图4-3），然后执行

图4-2 找出商标文档

复制"Ctrl+C"。再回到刚才新建的空白文件，执行粘贴指令"Ctrl+V"，把复制的对象贴在空白处（图4-4）。

图4-3 全部选取对象

图4-4 贴入新建文档中

④ 粘贴之后选择"矩形工具"，在空白处点击一下光标，便会出现一个设定矩形大小的对话框，输入需要的数值，当需要使用固定大小的形状时，在"工具面板"中选好形状后，于画纸空白处双击，就出现与刚才输入数值大小同等的形状。这种方式可以节省制作固定形状的时间。

一般商业名片的大小都在90mm×50mm至100mm×55mm之间，这里笔者选择输入90mm×50mm（图4-5）。

图4-5 制作名片外框

5　按下确定键后,90mm×50mm大小的矩形就出现了(图4-6)。将矩形移到适当的位置(可先将商标所在的图层锁定),确定好矩形的位置后,按快捷键"Ctrl+R"以显示画纸的尺标,光标移到尺标内按住并拖拉参考线(图4-7),记得要拉出名片四边的参考线(图4-8)!

图4-6　出现固定大小的矩形

图4-7　拖拉一边的参考线

图4-8　拖拉四边的参考线

图4-9　锁定参考线指令

6　拉好参考线之后,我们先将这四条参考线锁定,这样就算将矩形删除,名片的基本形状也不会消失,且方便作对照。在"视图"的下拉式菜单中选择"参考线→锁定参考线"(图4-9),就能将画纸上的参考线锁住了。

7　锁住参考线后,按住"Ctrl+C"将矩形复制并填入色彩作为背景色,由于商标本身的色彩已经很多了,为避免造成色彩混淆,笔者在这里使用渐变色彩(天蓝色至白色)(图4-10)。

图4-10　填入渐层色彩

⑧ 使用快捷键"Ctrl+F"将之前复制的矩形贴上，再使用"选择工具"加按Shift键，选择绘制。接着再使用快捷键"Ctrl+7"制作蒙版（如图4-11）。

⑨ 名片的基本信息的位置大致拟定后，现在可以开始处理商标的部分了。为了能让整体看来具有平衡感，必须把图像及文字位置稍作调整（如图4-12）；当然也可以不作任何调整，但这会让整张名片看来极不协调。

图4-11 制作蒙版结果　　　　　　　　图4-12 调整文字位置

⑩ 再改变一下图像的位置，用"选择工具"在对象上双击，将图像出现的部分稍作调整，在制作蒙版之后，原图像有些部位被切掉，例如手脚、飞天猴拿的包裹，且头部、尾端未出现，无法表达出"运送快件很迅速"的讯息，因此笔者将图像进行调整，如图4-13。

⑪ 名片上只有这两样还是不够，如同笔者在第四章开头所说，我们必须利用名片传达正确无误且不受干扰的讯息。调整好图像及公司名称的位置之后，还需要输入简单的广告标语和联系电话，可以先在空白处输入这些讯息，再拖拉到名片里进行调整及编排（图4-14）。

图4-13 调整图像位置　　　　　　　图4-14 输入其他讯息并移到名片里编排

12 确认输入的文字无误后, 选择合适的字体样式及大小。在右侧的文字面板中挑选合适的字体 (图4–15) 或者从控制面板的下拉式菜单中选择 "字体", 还可对要选择的字体作预览。不论选择的字体为何种样式, 笔者建议尽量选择辨视度高的印刷字体, 太过花哨的文字反而会让对方无法在第一时间内分辨。

图4–15 在文字面板中更换字体   图4–16 更换字体后结果

13 更换文字的字体之后, 可以接着更改文字的大小及色彩。如果想要名片讯息引人注意, 除了使用清晰明显的字体之外, 文字大小及颜色也相当重要。本例中的名片是为一家快递公司设计, 除了强调送件迅速之外, 联络方式也是吸引顾客的间接因素, 因此必须更换联络电话的颜色, 让顾客拿到名片后先是看到送件准时迅速的标语, 接着看到联络电话, 提高宣传的效率 (图4–16)。

刚才输入标语及电话时, 笔者将两者放在同一个文字方块里, 当需单独更改字体大小及颜色时, 请先点击工具面板上的 "文字工具", 再拖曳选取要更改的文字 (图4–17), 然后在 "色板" 面板中点选想要的颜色, 便可更换字体颜色了 (图4–18)。

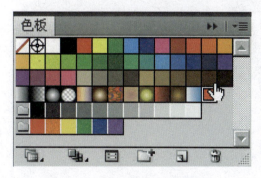

图4–17 用文字工具选取要作更改的字   图4–18 点击色板作填色

图4-19 靠左对齐按钮

图4-20 "靠左对齐"结果

14 接下来同时选取文字与商标，点击位于上方的"向左靠齐"的按钮（图4-19），这些被选取的对象会自动对齐左边（图4-20）。

15 现在这张名片的正面已经设计完成了，接着要设计背面。将所有对象全部选取，用快捷键执行复制与粘贴指令（图4-21），记得要贴到另一个新建图层上，建议不要在同一个图层。另外，当拖拉所有被选取的对象时，会出现对象的边框线条，当松开鼠标时，这些线条就会消失。

16 名片的正面已经有公司名称、商标、广告标语及联络电话，那么在名片的背面虽然同样保留公司名称及商标，但还需要提供其他的信息，譬如移动电话号码、电子邮箱、联络地址等，将这些文字——输入（图4-22）。

图4-21 将名片复制粘贴

图4-22 输入其他讯息

17 在输入这么多的讯息之后，是否发现原本的名片空间严重不足，但是又不能将这些讯息删除？别担心，可以将飞天猴当作背景，只要改变它的透明度即可，先点选飞天猴（图4-23），再让它的颜色淡化到40%~25%之间（图4-24），这样名片上就多出一半的空间放置其他讯息。

图4-23　点选飞天猴

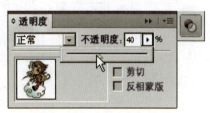

图4-24　淡化商标

18 虽然我们已经把图片淡化处理，文字讯息也都能放进名片里，但整体文字看来还是比较拥挤，可如果再将文字缩小，反而会变成"一堆蚂蚁文"，因此试着将公司名称缩小。选取公司名称后按鼠标右键，会出现一系列功能（图4-25），光标移至"变换"，选择"缩放"，紧接着出现一个"比例缩放"的对话框（图4-26），输入要缩小的比例数值，记得要点选"预览"！

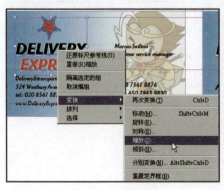

图4-25　变换→缩放

图4-26　比例缩放设定

19 为了突显文字讯息，可将个人名字放大，并且用一点厚重的特色，并改变中间的分段方式。同样也是用"文字工具"选取后，在文字面板里作数值更改（图4-27、图4-28）。

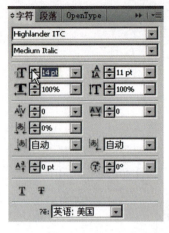

图4-27 在文字面板里更改字体大小

图4-28 更改后的字体大小效果呈现

20 　字体更改确认后，就要调整字体摆放的位置，原文字比较靠近商标（图4-29），因此笔者将右半部的文字同时选取，在"文字面板"里点击"居中对齐"按钮（图4-30），这些文字便会自动排好（图4-31）。

图4-29 需要调整位置的文字

图4-30 使用"居中对齐"按钮

图4-31 "居中对齐"之后的效果呈现

20　为了让顾客在拿到名片时，能立刻在众多文字内看到重点，除了名字与其他字体不同外，笔者也将职位称呼的文字色彩改为红色，让它比其他文字更吸引目光（图4-32）。在经过一连串的更改与修正之后，这款商业名片的设计就完成了（图4-33）！

图4-32　改变职位名称文字色彩

图4-33　名片设计完成

第五章
爱朵女孩大型海报设计

本章范例是由松雷文化动漫部为中国第一个偶像团体——爱朵女孩——精心设计的大型海报，每个漫画人物依据各女孩不同的特质进行专属设计，历经数月尝试各种不同设计风格，最后以动漫造型为主体，设计一系列相关衍生产品，此海报为宣传之一。

一般在进行海报设计时，会注意到以下几个要点：

● 文字——在字体设计方面，需注意到消费者只能在短时间内匆匆浏览，因此文字设计上必须考虑到"速读性"及"易读性"，使用辨识度高的字体造型，能让消费者瞬间捕捉到印象。

● 色彩——由于海报几乎都以挂立的方式呈现，因此在色彩应用上，需注意主题与背景最好能形成对比，以产生极强的视觉效果，同时需要具备时尚与潮流感；但也要顾及大面积色彩对观者心理的影响。例如大块的黑色是否会给人压抑的感受？大量的鲜黄色固然明亮，但是否会让驾驶者分心或产生焦虑？这些都是在色彩应用上需要注意的部分。

● 图画——不论是简单的几何图案组合，还是复杂华丽的插画，都必须与主题相互配合，否则只会造成海报空间的浪费，甚至消费者在观赏海报时会有种"不知所云"的感觉。

● 版面编排——海报属于大型的平面展示，文字与图画都必须摆放得恰到好处，才能吸引消费者的目光，达到宣传的效果。

● 装饰——除了文字与图画之外，装饰是能让整张海报呈现出生动与立体感的重要元素。适时地增加一些花边、线条等，可增加海报的意义。

这张"爱朵女孩"大型海报原先是在Photoshop中完稿，本章节的课程是讲解如何在Photoshop完成人物设定后，转入Illustrator中继续进行向量图案背景的设计。

❖❖❖ 爱朵女孩大型海报

1 首先在Photoshop中开启已经完成的"爱朵女孩"海报（如图5-1）。

2 因为要在Illustrator中设计另一款海报，所以必须将人物保留下来（如图5-2），关掉背景预视并存档（图5-3）。存盘时请特别注意:要存成"psd"档（图5-4），若存的是"jpeg"文档或是"Tiff"文档，那么在Illustrator中置入时的背景会是白色的，而不是透明的。

图5-1 在Photoshop中开启文档

图5-2 保留"爱朵女孩"人物

图5-3 关掉背景预视

图5-4 存储为psd文档

[3] 在Photoshop中的工作完成后，不要将软件关闭。开启Illustrator并新建文档（图5-5），将刚才在Photoshop中存储无背景图的文档"置入"到画纸中（图5-6、图5-7）。

图5-5 新建文档

图5-6 文件→置入 　　　　　**图5-7** 选择无背景的psd文档

[4] 按下"置入"按钮后，便可在画纸上看到无背景的"爱朵女孩"（图5-8），接着先将此图层锁住（图5-9），并另外新建一图层（图5-10）。

图5-8 置入无背景的"爱朵女孩"

图5-9 锁住该图层

图5-10 另外新建图层

⑤　为新增的图层2重新命名为"background"（即"背景"，图5-11），将图层重新命名的方法有两种：一是在面板上选取图层2后按鼠标右键，选择重新命名；二是直接在图层2的框格内双击，便会出现"图层选项"的对话框，命名后接着在图层面板中将此图层拖拉到图层1下方（图5-12）。必须强调的一点是，不论在哪个软件内进行设计工作，产生的所有图层都必须加以分类及命名，做好图层管理才能让设计工作顺利进行。而命名的文字标注，笔者也建议尽量输入英文，或使用拼音也行，这么做的原因是因为这些软件在一开始的设计中是使用英文，只是另外开发出中文版本，有时在系统或软件不稳定的情况下，中文字会变成乱码。

图5-11 在图层选项中重新命名　　　　图5-12 拖拉至图层1下方

⑥　现在我们再换到Photoshop的界面，这时发现笔者在其中一个对象中未将"外发光"的特效关掉（图5-13，这表示刚才在Illustrator中置入的人物也存有此特效），可以在画纸上看到位于最上层的"爱朵女孩"周围有亮粉红色的发光光晕，到图层面板内将"外发光"的特效"眼睛"标记关掉即可（图5-14）。

图5-14 将外发光特效眼睛标记关掉

图5-13 仍存在外发光特效

7 步骤6在Photoshop中修改的部分,同时会在Illustrator中自行更新。现在我们再回到Illustrator软件里,此时因为同步更新的关系,会出现一个确认的对话框(图5-15),请直接按"是",之后便会看到图5-16呈现的结果,这种自动更新的方式是非常方便的,我们不必再次置入图片,能节省一些时间。

图5-15 确认更新对话框

图5-16 同步更新后的结果

8 现在先暂时将图层1的"爱朵女孩"解锁(图5-17),使用键盘快捷键"Ctrl+R"调出标尺(图5-18),点选"爱朵女孩"图档,由上方及左方的标尺拖拉出参考线,对齐图档方框范围(图5-19),这样即便将图层文档锁住,还是能看到设计范围。

图5-17 爱朵女孩图层解锁

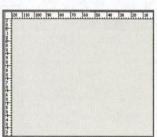

图5-18 使用快捷键显示尺标

图5-19 拖拉参考线对齐图档

9 接下来要开始制作背景了!先画出一个与"爱朵女孩"图档范围相同大小的矩形,依照我们在步骤8制作的参考线范围,点击工作面板中的"矩形工具"，从左上方的参考线交叉点开始点击并往右下方的交叉点拖拉（图5-20），此时作为背景的矩形已经有固定的范围了。

10　绘制矩形后，要准备填入渐变色彩。先选取矩形，再点击右方折叠工具面板中的"渐变"按钮，会出现渐变面板（图5-21），由于系统默认的渐变色彩为白色至黑色，所以只要点击渐变面板或是工具面板中的渐变按钮，刚才点选的色块便会自

图5-20 制作背景矩形

动填入白色至黑色的渐变色彩（图5-22）。

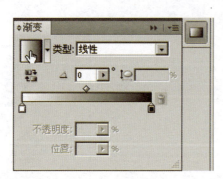

图5-21 渐变面板

图5-22 填入渐变色彩

11　但不论系统默认色彩是什么，都是可以改变的。双击渐变面板中的白色滑块，会出现CMYK色板，调整滑块使色彩改为深紫红色（图5-23），此时矩形色彩渐变情况会如图5-24所示。

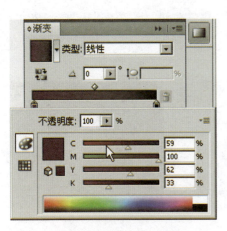

图5-23 移动滑块更改色彩

图5-24 更改色彩后的渐变效果

12 当选择一个使用渐变工具填入渐变色彩的对象时，该对象上会出现渐变的类型选择。可以使用其中的类型选择调整并缓和角度、位置、线性延展或是径向（放射状）光线的改变。如果使用的角度或是其他工具已经超出渐变面板所能承受的范围时，那么结果会变成曲线状。接下来笔者要改变渐变的方向及滑块的呈现方式（图5-25），只要在矩形范围内用鼠标上下拖曳（图5-26）即可。

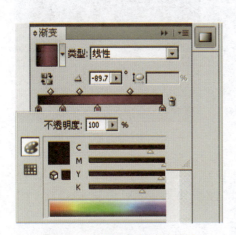

图5-25 更改渐变角度及增加滑块

图5-26 改变渐变方向

13 接着我们在爱朵女孩的上方绘制一个圆形（图5-27），作为月亮。填入渐变色彩，并将类型由线性改为"径向"（图5-28、图5-29）。

图5-27 绘制一圆形

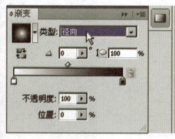

图5-28 将线性改为径向

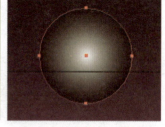

图5-29 径向渐变呈现效果

14 点选渐变面板上"不透明度"的三角形箭头，会出现一个调整不透明度的滑块，可直接在空格内输入数值或是移动滑块去改变透明度的百分比（图5-30）。这里笔者决定先把黑色隐藏起来，这项新功能可以提供我们在没有其他特殊状况下，能够得到好的透明度效果（图5-31）。

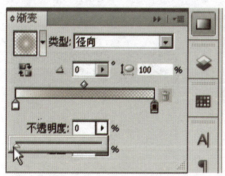

图5-30 改变透明度的方式

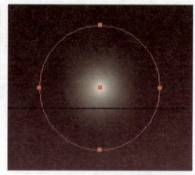

图5-31 隐藏黑色后的效果

15 接着再稍微做些调整，比如透明度里的颜色及滑块放置的位置（图5-32），以及是否增加滑块等，可以多试验几次（图5-33）。

16 调整"月亮"的比例及位置，让它看起来更小一些（图5-34），另外也试着改变一下光晕的颜色（图5-35）。

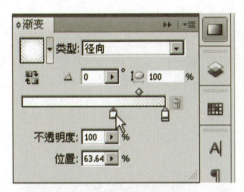

图5-32 渐变面板中各项数值可稍微调整

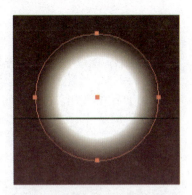

图5-33 调整后的结果

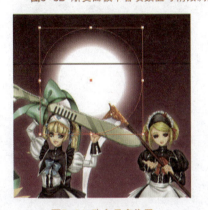

图5-34 改变月亮位置

图5-35 改变月亮光晕的色彩

17　如同一开始在Photoshop中制作的背景，接下来要制作星空。在工作面板中按住"矩形工具"一段时间后，便会出现制作其他形状的工具，选择"星形工具"，在画纸上按住并拖曳，直到合适的星形出现（图5-36）。拖曳弧形上的点将星形旋转。按键盘上的"↑"键及"↓"键可以从星形里增加或移除锚点；拖拉时加按"Ctrl"键可以改变星形锥状的长度（图5-37、图5-38）。

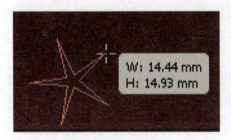

图5-36 制作星形

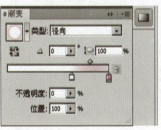

图5-37 制作星形渐变色彩

图5-38 将星形填入颜色

18　现在我们制作了第一个星星，可以在其他地方继续不断地进行复制及移动，让整个背景变成布满星星的天空，但此时若是单个反复制作会很耗时。笔者建议选取一个替代的方法：将星星制作成"符号"，使用"符号喷洒"工具，既省时又省力！　在右方的折叠工具面板中调出"符号"面板（图5-39），将制作好的星星拖拉到"符号"面板中；或是点选星星后再按"符号"面板中的"新建符号"标记（图5-40）。按下新建符号后，会出现"符号选项"对话框（图5-41）。

图5-39 点击符号面板

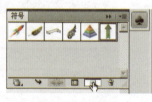

图5-40 新建符号

图5-41 符号选项对话框

19　确认新建符号后，便可在符号面板中看到新建的符号小图标（图5-42）。新符号建立之后，就可以使用工具面板中的"喷枪工具"进行符号喷枪的指令。先按住"喷枪工具"不放，便会出现喷枪的系列工具（图5-43），可使用各种工具进行编辑，此时若点击该系列工具的右侧狭长形方块，会出现提示，再次点击后该系列工具便会弹出一个菜单区块（图5-44）。即便不再使用该工具，这种菜单区块还是会存在。

图5-42 符号新建完成

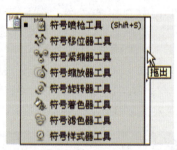

图5-43 符号喷枪工具编辑系列

图5-44 弹出的符号菜单区块

20　点选"符号喷枪"工具，在符号面板中选取要使用的星形符号，在背景里用拖曳的方法使用工具（图5-45），而使用单次点击效果则如图5-46所示。接着便可在整个背景里使用"符号喷洒工具"（图5-47）。

图5-46　符号喷枪效果

图5-45　使用符号喷枪工具

图5-47　在整个背景里使用符号喷枪工具结果

21　可以试试每个符号工具，看看哪些效果更适合这张海报，使用符号工具制作背景星空是非常简单与容易的！这里讲解几个在范例中使用到的工具：

"符号移位器工具"——将元素重新安置（图5-48、图5-49）。

图5-48　符号移位器工具

图5-49　使用符号移位器效果

"符号缩放器工具"——放大时直接在元素上按住不放；若需缩小则加按Alt键（图5-50、图5-51）。

图5-50　符号缩放器工具

图5-51　使用符号缩放器效果

"符号滤色器工具"——此工具与工具面板中设定的"填色"色彩有关,点击元素的次数越多,该元素的颜色会越淡;若是要让元素颜色恢复至原始设定,则加按Alt键(图5-52、图5-53、图5-54)。

图5-52 符号滤色器工具

图5-53 点击一次元素

图5-54 按Alt键则恢复

22 星空背景布置完成之后,笔者想加入能与黑夜星空相衬的树枝图案,但是在背景里要画出真实的树枝不仅浪费时间,也会让制作步骤增加难度,幸好CS版本的Illustrator有提供将照片转为矢量的工具,且能自动转成路径,便于随意更改。先找到一张具有明显树枝的照片(图5-55)。

23 选择好照片后,就直接拖拉到Illustrator内(图5-56),或是在文件下拉式菜单中选择"置入"。

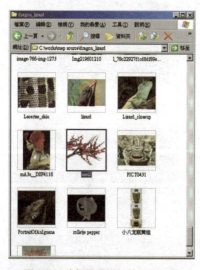

图5-55 选择要再增加的照片元素

图5-56 将照片拖拉到Illustrator里

24 点击"对象",出现下拉式菜单,请将鼠标移动到"实时描摹",再选择"描摹选项"(图5-57),此时屏幕上会出现"描摹选项"对话框(图5-58),当在"调整模式"中选择"黑白"时,照片会显示如图5-59的效果。

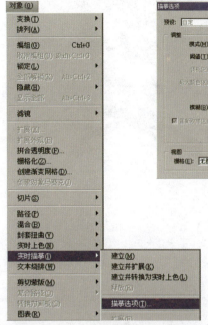

图5-58 描摹选项对话框

图5-57 对象→实时描摹→描摹选项

图5-59 黑白模式效果

25 可以更换对话框中的调整模式,这些模式有很大的区别。例如步骤24中的图5-59即为黑白模式的效果显现;而"彩色模式"(图5-60)的效果则会如图5-61所示。

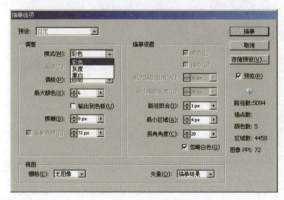

图5-60 彩色模式

图5-61 彩色模式效果

26 调整色彩数值并输出到色板（图5-62），而色彩数值的每一次改动都会影响最后的结果（图5-63）。

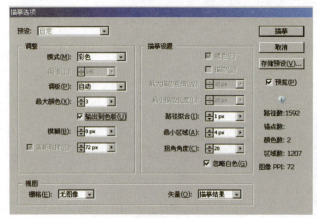

图5-62 数值调整并输出到色板

图5-63 每次的改动都会影响结果

27 将树枝图移到海报的位置（图5-64）。如果不需要制作任何引人注目的改变，就可以不描摹对象，但如果想要编辑对象，根据颜色的数值及对象的复杂度，最好还是把它转为一般路径或群组路径，并从"对象"菜单中选择"扩展"（图5-65）。

图5-64 将树枝图移到海报的位置

图5-65 对象→扩展

28 点选"扩展"后会出现一个对话框（图5-66），增加勾选项目"对象"，其呈现效果如图5-67。

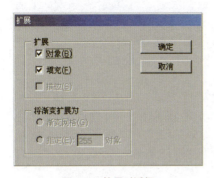

图5-66 扩展对话框

图5-67 树枝扩展效果

29 现在树枝的路径已经完成,接着便是更改比例并填上颜色(图5-68、图5-69),我们可以先将树枝缩小并复制,放在画纸外侧(图5-70),以备后续步骤还会用到!在颜色的选择上不需要太多的变化,笔者将海报连同树枝一起使用路径查找器的合并功能(图5-71、图5-72)。另外,当使用"路径查找器"的合并功能时,会让文件变小,这样就不会占据太多的内存。

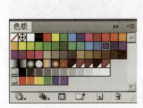

图5-68 在色板中选择颜色

图5-69 树枝缩小旋转并填入色彩

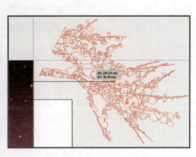

图5-70 树枝原件

图5-71 路径查找器→合并

图5-72 合并功能结果

若树枝改成蓝色就无法与背景相称，为避免发生这种状况，笔者建议直接用背景的色彩作为树枝填色的色彩依据（图5-73）。

31 现在树枝的基本色调已经确定，但在海报上，这种如同色块般地填色方式，无法突出人物，因此笔者决定将树枝的填色改为渐变色彩（图5-74），并调整渐变色彩的坡度，使树枝图案能与背景色彩相融合（图5-75）。

图5-73 用背景色彩为树枝填色

图5-74 改变树枝色彩　　　　　图5-75 调整渐变色彩坡度

32 若树枝只在海报上方的两边出现，会让整体显得头重脚轻，因此在海报下方需要补充更多的树枝，使整张海报的"视觉重量"相平衡。笔者再次置入一张更多树枝的照片（图5-76），同样也是制作成描摹方式。这部分完成后，连同海报上方的树枝一同选取，执行"建立蒙版"（图5-77），海报初步的整体效果如图5-78所示。

33 但对于目前的结果笔者还是不满意，因此决定再加入一些特殊效果。先将背景图层锁住（图5-79），接着复制一个

图5-76 置入具有更多树枝的照片

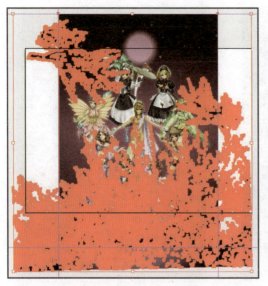

图5-77 对象→剪切蒙版→建立　　　　**图5-78** 建立蒙版

与月亮大小相同的圆形，并以位于中间位置的"爱朵女孩"为中心覆盖（图5-80），接着调整该圆形的大小及渐变范围（图5-81）。

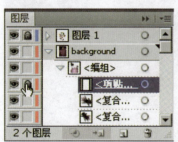

图5-79 锁住背景图层

图5-80 复制与月亮相同大小的圆形

图5-81 调整圆形的渐变范围

34 为了让画面更加丰富，笔者在海报的右上角使用"涂抹笔刷"绘制植物图案（图5-82）。

35 接着将这块植物图案进行复制，并粘贴于海报的左下方（图5-83）。

图5-82 绘制植物图案

图5-83 复制植物图案

36 剪掉部分的树枝对象，并利用"橡皮擦工具"将海报下方多余的部分擦除（图5-84），清除结果则如图5-85所示。

图5-84 剪掉部分树枝并用橡皮擦清除海报下方多余部分

图5-85 清除结果

37 目前整体效果仍稍显灰暗，因此我们在旁边加些闪亮的点

（图5-86）。别忘了右上角也要加一些（图5-87）！
接着再次使用"符号喷枪工具"，画上更多的星形
符号（图5-88）。

图5-86 制作闪耀光点 – 左下角　　图5-87 制作闪耀光点 – 右上角

图5-88 使用符号喷枪工具画出更多星星

38　用"铅笔工具"绘制云状物（图5-89），而此云状物必须与
"爱朵女孩"联结起来。为减少边缘太过锐利，使用"效果→风格
化→羽化"（图5-90），此时会出现羽化的对话框（图5-91）。确认
选项后，便可接着处理要填入的色彩（图5-92），填入后效果如图
5-93所示。

图5-92 渐变色彩设定

图5-90 风格化→羽化

图5-89 绘制云状物　　　　图5-91 数值输入确认　　　图5-93 渐变色彩填入后调
　　　　　　　　　　　　　　　　　　　　　　　　　　　　　整的效果

39 为了更快达到效果,我们使用"斑点画笔工具"再次绘制云状物,先画出云状的基本走向(图5-94)。

40 在"外观"面板(图5-95)中点击"羽化",将羽化效果再作调整(图5-96),并视效果做数值上的调整(图5-97)。

图5-95 由外观面板中点击羽化

图5-94 数值输入确认　　　图5-96 调整数值　　　图5-97 整体呈现效果

41 在"透明度"面板中的"混合模式"下拉式菜单中,选择"颜色减淡"模式(图5-98)。

42 使用工具面板中的"变形工具",使云状的弯曲效果更明显(图5-99、图5-100),也可以在"变形工具"按钮上双击,便会出现"变形工具选项"(图5-101),可进行更细致的修正。

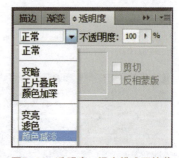

图5-98 透明度→混合模式下拉菜单→颜色减淡

图5-99 使用变形工具让弯曲效果更明显　　图5-100 细节弯曲效果调整　　图5-101 变形工具选项

43 在"变形工具选项"中，若是弯曲尺寸较小，其效果会如图5-102所示；若是羽化尺寸较小，则效果会如图5-103所示。

图5-102 弯曲尺寸较小效果　　　　　图5-103 羽化尺寸较小效果

44 在图层蒙版中将所有对象选取后放到剪贴蒙版下方（图5-104），其效果可见图5-105。

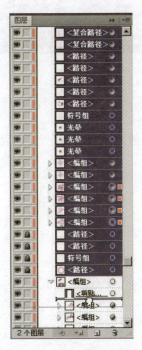

图5-104 在图层蒙版中整合对象　　　　图5-105 整合对象后

45 将刚才这些对象同时移到背景图层中（图5-106），移动后确认效果不变（图5-107）。

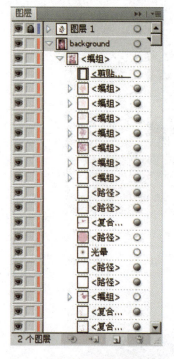

图5-106 将对象移至背景图层中

图5-107 确认效果

46 至此，这幅海报即将完成，但是还需要放上商标，于是开启商标图档并复制（图5-108）。

47 回到海报文档中，在图层面板里新增一个图层，命名为"logo"（图5-109）。

48 使用快捷键"Ctrl＋V"将复制的商标贴上（图5-110）。

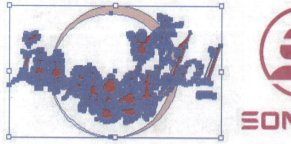

图5-108 开启商标图档并复制

图5-109 新增logo图层

图5-110 粘贴商标

49　粘贴后，发现该商标过大，因此进行等比例缩小（图5-111）；或者选取商标后，将光标移到方框四周，再加按Shift键，也可等比例缩小。要记得再次确认缩小后的商标比例是否合适（图5-112）。

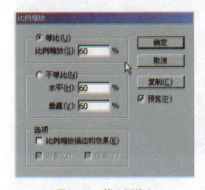

图5-111 等比例缩小

图5-112 确认比例

50 缩小后移动商标位置，调整到与月亮同区域的方位（图 5-113），最终完成海报设计！

图5-113 海报设计完成

第六章
立体麻将设计

在我们的观念中，Illustrator都是应用于平面设计，例如在前几个章节中学习到的名片设计、LOGO设计，以及海报或包装袋的设计，这些几乎囊括了平面设计应用的范畴，也是Illustrator最常应用的范围。

但是在这个章节中，我们将介绍如何在Illustrator中制作出仿真3D造型的教学课程。过程虽然繁琐，但就整体的完成度而言，对于一些不熟悉3D软件，或者短时间内急需制作出3D展示实品的朋友们来说是相当实用的。这里我们不制作常看到的柱状物（像是圆柱、长方柱）或是圆球体，而是以另一种平面与方块（麻将与麻将桌）的组合为范例，不仅能学习到麻将表面的平面图样制作，并且藉由宣传海报的表现方式，融合立体的麻将造型图。

立体麻将

1 新建文件后，在色板中选择黑色（图6-1），绘制一个与文件大小相同的矩形（图6-2）。

图6-1 在色板中选择黑色

图6-2 绘制一个矩形

2 使用"文字工具"输入要放置在海报中的宣传标语（图
6-3），输入后，发现系统默认的字体非常不适合海报的造型，因此
进行字体的更换，也是从"文字→字体"中挑选出合适的字体（图
6-4）。此例中笔者将文字字体更换如图6-5所示。

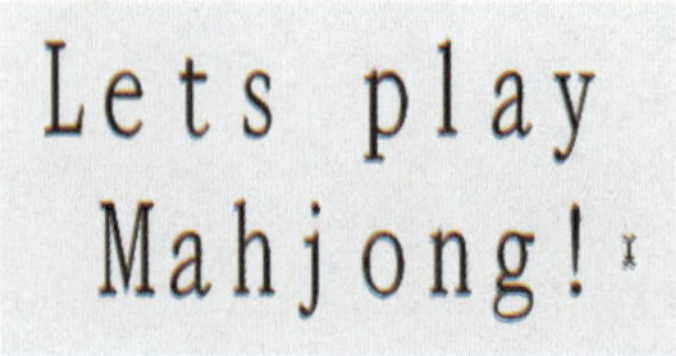

图6-3 输入文字

图6-4 更换字体

图6-5 更换合适字体

3 修改字体后开始进行填色（图6-6）及变换位置（图6-7），
之后再将文字旋转（图6-8）。

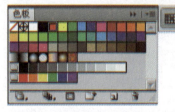

图6-6 进行填色

图6-7 变换位置

图6-8 旋转文字

4 确认位置后，先将文字尺寸放大（图6-9），再更换一下文字
的色彩（图6-10），更改个别字体时，先用"文字工具"选取文字。

图6-9 将文字放大

图6-10 更改个别文字颜色

5 标语的处理暂时告一段落。接下来是制作麻将桌！首先我

们先在色板上调好符合麻将桌的颜色（图6-11），再用矩形工具拖拉绘制一方形区块（图6-12）。

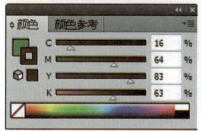
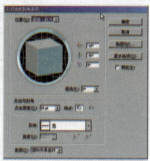

图6-11 调好麻将桌颜色　　　　　**图6-12 绘制一方形**

6　接下来要开始进行3D模拟了！开启"效果"下拉式菜单，选择"3D→凸出和斜角"（图6-13），此时会出现一个选项对话框（图6-14），点击"更多选项"按钮，会在下方出现如底纹、光源方向等设定（图6-15）。

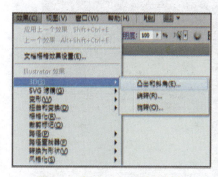

图6-13 效果→3D→凸出和斜角　　　　**图6-14 凸出和斜角选项对话框**

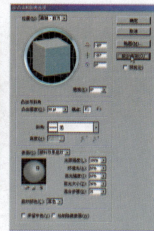

图6-15 更多选项显示

7　其实当选项对话框开启时，原本是平面的方形已经自动转为3D立体图像了（图6-16）。

8 突然看到平面图像自动转为立体图像，千万别太兴奋，因为还有很多细节需要不断修改。先修改选项对话框中的"透视"角度（图6-17）。

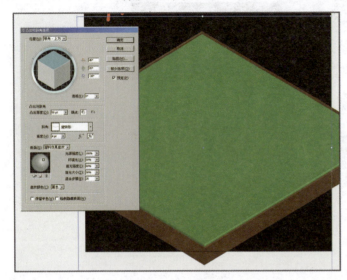

图6-16 立体图像雏形

图6-17 修改透视角度

9 接着增加新的光源。在"表面"设定里的圆球下方点击"新增光源"标记，再自行移动光源圆点（图6-18），记得勾选"预览"，这样才能实时确认更改的进度与状况。

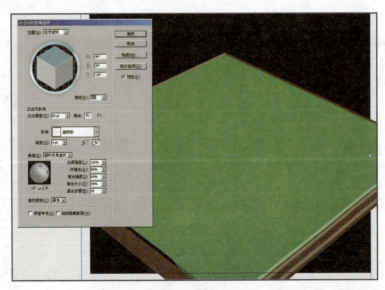

图6-18 新增光源点

10　改变斜角方式并增加新的光源点,将斜角改为"长圆形",高度则利用滑块移到"5pt",并点击"斜角内缩"圆柱状标记(图6-19)。按下确定键后,即可看到麻将桌的基本形状已初步设定完成(图6-20)。

11　选取麻将桌,点击"对象"下拉式菜单,选择"扩展外观"(图6-21)。

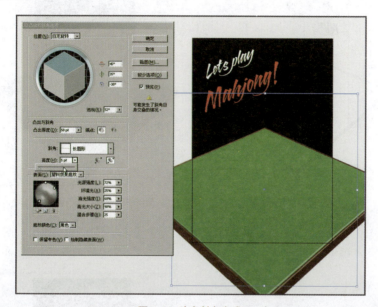

图6-19 改变斜角方式

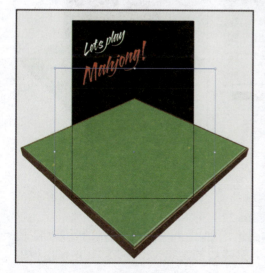

图6-20 麻将桌的雏形

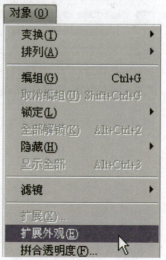

图6-21 扩展外观

12　对象在扩展外观之后，会呈现如同用块面组合而成的立体物，使用"直接选择工具"将不必要的路径删除（图6-22）。

13　选择工具面板中的"网格工具"，调整麻将桌的桌面（图6-23）。

图6-22　用直接选择工具删除不必要的路径

图6-23　使用网格工具调整桌面

14　在刚才调整桌面的位置填入同色系的颜色（图6-24），并仔细调整位置（图6-25）。

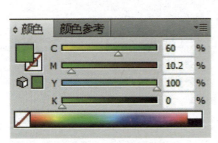

图6-24　在色板上设定颜色

图6-25　填入并调整位置

15　继续增加其他的网状格点，同样也是先在色板上调好颜色（图6-26），再小心调整（图6-27）。

16　目前麻将桌的立体感已增加不少，接着要制作的是麻将。使用矩形工具拖拉制作一个类似砖块的矩形（图6-28），并在色板中挑选白色填入（图6-29）。

图6-26 在色板上调好新颜色

图6-27 继续增加网状格点

图6-28 制作矩形

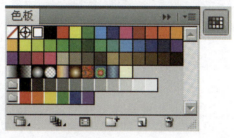

图6-29 选择白色填入

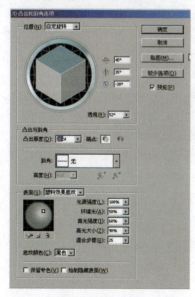

图6-30 再度开启"效果→3D→凸出和
　　　斜角"的选项对话框

17 平面的麻将已经做好，现在需要再度开启"效果"下拉式菜单里的"3D→凸出和斜角"的选项对话框（图6-30），调整数值后，呈现的是一个立体方块的麻将（图6-31）。

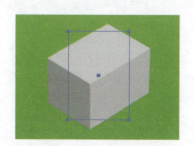

图6-31 呈现立体方块的麻将

18 现呈现的麻将方块太高，需更改位于"凸出和斜角选项"中的"凸出厚度"，输入15mm的数值（图6-32）。"斜角方式"则改为"长圆形"（图6-33），修改后需确认图形是否满足要求（图6-34）。

图6-32 更改凸出厚度数值

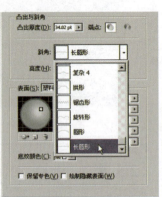

图6-33 更改斜角方式

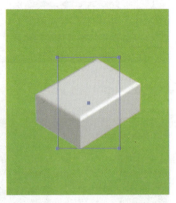

图6-34 确认修改结果

19 麻将的立体形状确定后，接下来就开始上色。这时不再是直接填入色彩，而是使用"底纹"的方法填入，当然若选的底纹是"自定"（图6-35），那么会自动弹出"拾色器"，可自行决定要填入什么颜色（图6-36）。

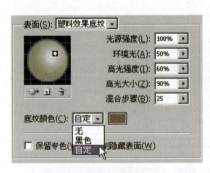

图6-35 自定底纹色彩

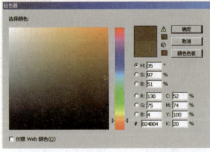

图6-36 从拾色器中选择颜色

20 笔者建议再增加光源强度，展现灵动的一面，因此我们在"光源强度"的部分输入数值或用拖曳滑块的方法处理（图6-37），别忘了勾选"预览"，才能确认效果（图6-38）。

21 光源的设定完成后，就要开始使用贴图了（图6-39）。按下"贴图"按钮后，会出现一贴图对话框（图6-40），移动中间的方形框格，在框格中的图案会出现在立体麻将表面上（图6-41）。

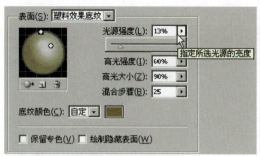

图6-37 增加光源强度

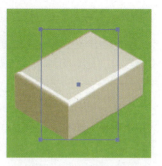

图6-38 增加光源后的效果

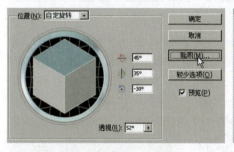

图6-39 按下贴图按钮

图6-40 贴图对话框

图6-41 贴图呈现方式

22 将"贴图"对话框中的"表面"数值更改为"3",并更改角度,此时贴图画面会如图6-42所示,而麻将牌上的图案则为图6-43所示。

图6-42 更改表面数值及角度

图6-43 更改后的贴图呈现方式

23 接着我们将麻将的侧面贴图！找一张羽毛状的符号,按下"缩放以适合"按钮,点选此按钮,系统会自动缩放(图6-44),使符号图案能恰好贴在麻将侧面上(图6-45)。

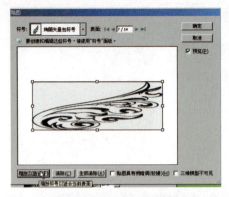

图6-44 使用缩放以适合按钮

图6-45 符号图案能刚好贴上

24 最后一个练习则是将我们所看到的第三个块面不贴图。在"表面"数值旁按键上点击一下，此时出现的是第三个块面的范围（图6-46），其中"符号"图案选择"无"，可在图6-47中看到该块面没有任何符号图案贴入。

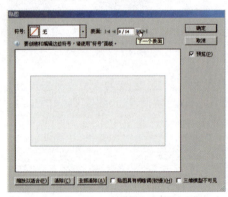

图6-46 不使用贴图效果

图6-47 该块面无贴图效果

25 经过以上练习后，对贴图有了大致的了解。现在先新建一符号，在画纸空白处制作一长方形（图6-48），完成后拖拉到符号面板中（图6-49）。此时会出现一个"符号选项"的对话框（图6-50），确认新增的符号。

图6-48 画纸空白处画一长方形

图6-49 拖拉到符号面板中

图6-50 弹出符号选项对话框

26 现在我们有了一个新的符号,可以开始正式地贴图了!开启"效果→3D→凸出和斜角",先将麻将牌的侧边块面进行贴图(图6-51),但是贴上图后会发现符号太小(图6-52)!因此要记得按下"缩放以适合"按钮(图6-53),才能让符号贴满侧边块面(图6-54)。

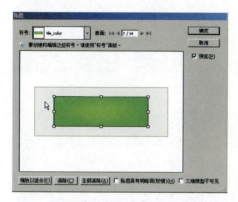

图6-51 贴图设定

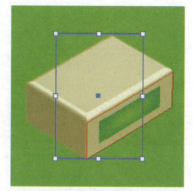

图6-52 贴图结果

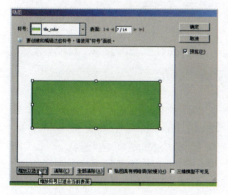

图6-53 按下缩放以适合按钮

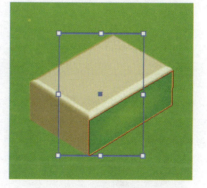

图6-54 符号贴满侧边块面

27 在上一个步骤中,虽然填满侧边块面,但也必须考虑到真实麻将的配色,因此我们要把刚才填色的块面缩小一半,让麻将牌的侧边有两种颜色。再回到贴图选项对话框中,将长方形的短边缩小为原来宽度的一半(图6-55),这样麻将牌侧边的符号图案也同时会改成一半(图6-56)。

28 接着换另一边的块面进行贴图,一样也是在贴图选项中,但这次需要勾选"贴图具有明暗调"的选项(图6-57、图6-58)。

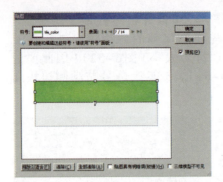

图6-55 在贴图选项中改变符号大小

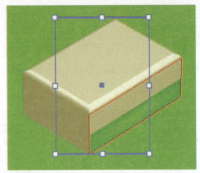

图6-56 侧边块面也会跟着改变

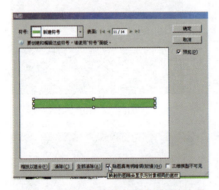

图6-57 勾选"贴图具有明暗调"的选项

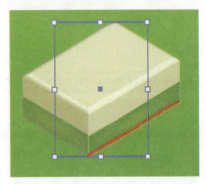

图6-58 和对象有相同的底纹

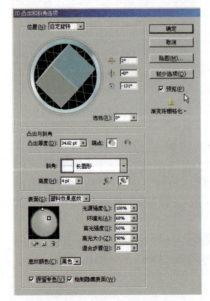

图6-59 改变麻将方块角度

29 试着换另外一种旋转角度，增加方块在平面上的趣味性。改变方块的旋转角度需选择"效果→3D→凸出和斜角"，在弹出的选项对话框中，可更改各种角度，使麻将方块呈现不同的角度，记得勾选"预览"框格（图6-59），这样改变任何数值时，都能随时看到方块角度的变化（图6-60）。

图6-60 角度改变后

30　也可以试着将方块角度改为如图6-61所示，深色面转向正面（图6-62）。

31　可在不同的方向中作复制及旋转（图6-63），但对于整体麻将方块的构成，笔者建议要先考虑清楚，否则最后会变成一堆方块散乱放在海报上。

图6-62　深色面转向正面

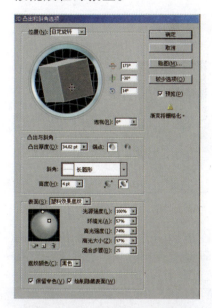

图6-61　再次改变麻将方块角度

图6-63　可作不同方向的复制及旋转

32　复制多个麻将方块后再次作不同角度的旋转（图6-64），此时由于方块数量逐渐增多，所以在排列时要很小心，尽量顾虑整体平衡的美感（图6-65）。

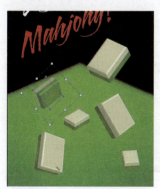

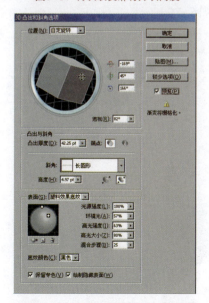

图6-64　将方块作多种不同角度的旋转

图6-65　注意排列及比例大小

33 前几个步骤都是制作单个方块，接下来要制作的是多个方块并排。先作出三个并排的矩形，符号图案贴图步骤与之前相同（图6-66）。完成后则如图6-67所示，虽然画面有平衡感，但稍显呆板，笔者决定多加一个方块，并让这四个麻将方块直立起来（图6-68）。

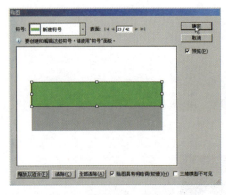

图6-66 贴图选项对话框设定

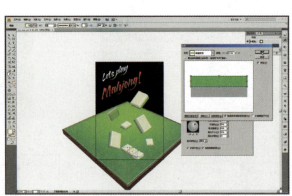

图6-67 制作多个并排的方块

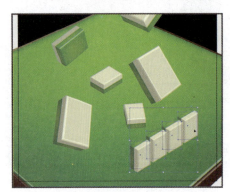

图6-68 更换为直立的方块

34 现在麻将方块排列位置已大致确定，为增加海报的戏剧效果，笔者建议可在海报的左上方制作一个聚光灯效果。先设定聚光灯颜色（图6-69），再使用"钢笔工具"由左上方往右下方的走向绘制一个未封闭路径（图6-70）。

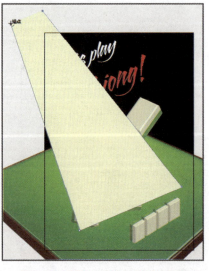

图6-69 设定聚光灯颜色

图6-70 用钢笔工具绘制未封闭路径

35 从图6-70中可知，这块填色的未封闭路径必须作渐变或透明度的处理，否则就失去聚光灯的戏剧作用，而变成一块沉重的大型色块！所以在渐变面板中先调整颜色及渐变类型（图6-71），其结果如图6-72所示。

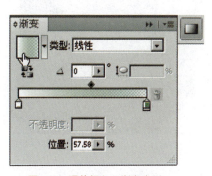

图6-71 调整颜色及渐变类型

图6-72 渐变调整结果

36 但是这盏聚光灯的光线走向并不符合逻辑，因此还需要在"渐变"面板中继续调整角度（图6-73），之后在填色路径中拖曳拉出渐变走向（图6-74）。

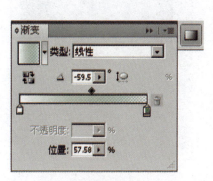

图6-73 调整渐变角度

图6-74 渐变工具拖拉出色彩走向

37 继续为封闭的填色路径调整透明度及混合模式（图6-75），调整后结果如图6-76所示。

图6-75 调整透明度及混合模式

图6-76 调整后的结果

38　调整好聚光灯之后，发现海报的广告标语被置于填色路径后面，需将其放置于聚光灯前，因此在点选标语后，执行"对象→排列→置于顶层"指令（图6-77），其结果如图6-78所示。

图6-77 对象→排列→置于顶层

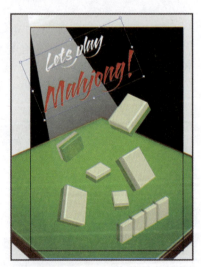

图6-78 标语已提至最上层

39　标语已经提到最上层，前文已学会制作文字的阴影，本处可试着再次使用，但需视效果而作更改。先复制原本的文字，并在原处贴上，但需稍微移动位置（图6-79），此时可以在透明度面板中确认其"混合模式"为"正常"（图6-80）。

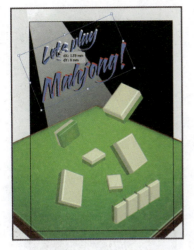

图6-79 复制文字并移动位置

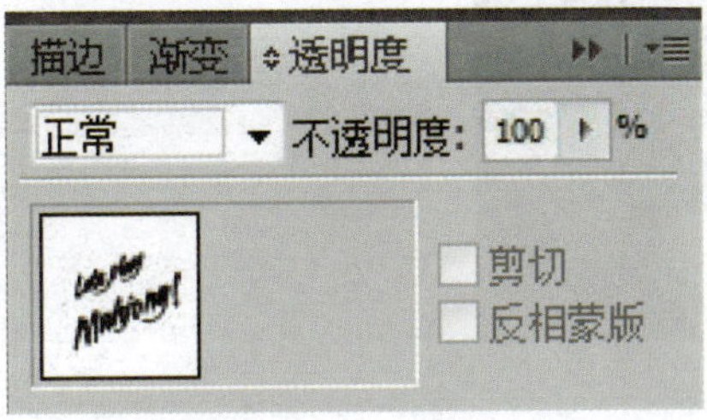

图6-80 确认透明度及混合模式

40 将步骤39中复制的文字执行"对象→排列→后移一层"指令（图6-81），其效果如图6-82所示。

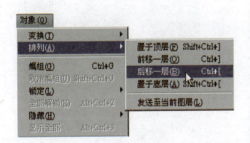

图6-81 对象→排列→后移一层

图6-82 文字后移一层的结果

41 绘制一个方形（图6-83），并执行"效果→扭曲和变换→收缩和膨胀"指令（图6-84），这时画面会弹出"收缩和膨胀"的设定对话框，移动滑块进行设定（图6-85、图6-86）。笔者最后决定使用"收缩"效果改变图像形状（图6-87）。

42 执行"对象→扩展外观"指令（图6-88），其图像结果如图6-89所示。

图6-83 绘制方形

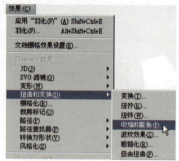

图6-84 效果→扭曲和变换→收缩
和膨胀

图6-85 移动滑块设定膨胀并预
览效果

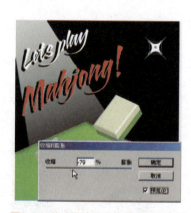

图6-86 移动滑块设定收缩并预览效果

图6-87 确认使用收缩效果

图6-88 对象→扩展外观

图6-89 扩展外观后的结果

43 再次确认图形外观后（图6-90），新建符号（图6-91）"star"——一个锥形的十字星符号（图6-92）。

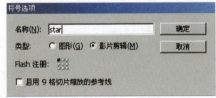

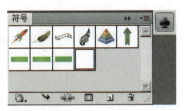

图6-90 确认图形外观　　　图6-91 新建锥形十字星符号　　　图6-92 符号新增完毕

44 新增符号后，使用"符号喷枪工具"在海报上绘制曲线，此曲线需依照麻将方块的位置而画出走向（图6-93）。但是我们也看到绘制出的星星比例过大且太显眼，因此使用"符号缩放器工具"将这些星星缩小（图6-94），再使用"符号滤色器工具"将星星的颜色变淡（图6-95）。

图6-93 使用符号喷枪工具　　图6-94 使用符号缩放器工具　　图6-95 使用符号滤色器
　　　　　　　　　　　　　　　将星星缩小　　　　　　　　　　工具将颜色变淡

45 这时仍然可以继续更改麻将方块的构成，在图层面板中点选想要更改的方块（图6-96），点选后可直接进行更改（图6-97）。

图6-96 在图层面板中点选　　图6-97 点选后直接更改
想要更改的方块图层

46 更改半径类型，由"线性"换成"径向"（图6-98）。并制作另外一个矩形（图6-99）。

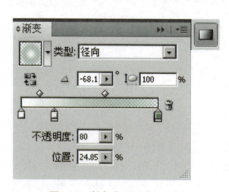

图6-98 渐变类型更改

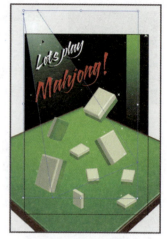

图6-99 制作另一个矩形

47 用"文字工具"输入中文标语（图6-100）。

48 将文字的输入方式由水平改为垂直（图6-101），其结果如图6-102所示。

图6-100 输入文字

图6-101 改变文字输入方式

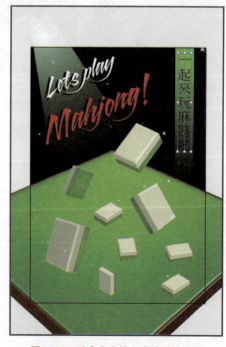

图6-102 改变文字输入方式后的结果

49 改变文字颜色及字体（图6-103、图6-104）。

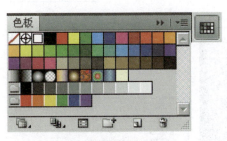

图6-103 改变文字颜色的色板

图6-104 改变文字字体

50 通过增加和改变文字的颜色能让文字产生阴影（图6-105、图6-106）。

图6-105 文字产生阴影效果

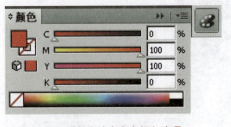

图6-106 增加和改变文字颜色选项

51 编辑符号，移到编辑模式的标记上并双击（图6-107、图6-108）。

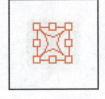

图6-107 编辑符号

图6-108 选择符号

52 回到正常模式，改变符号（图6-109）。

53 在我们的符号对象中，星星的符号最小，更新符号（图6-110）。

54 将背景更换到网状工具中（图6-111），更换颜色（图6-112）。

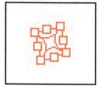

图6-109 改变符号

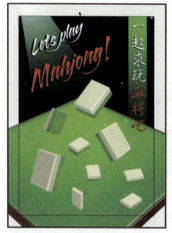

图6-110 更新符号

图6-111 更换背景颜色

图6-112 更换颜色

55 增加另一个点（图6-113、图6-114）。

56 使用外发光特效（图6-115、图6-116）。

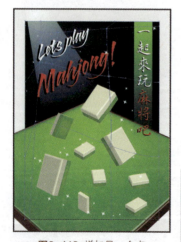

图6-113 增加另一个点

图6-114 改变另一个点颜色

图6-115 选择外发光

图6-116 外发光特效

[57] 外放光的对话框
（图6-117）。

[58] 在曲线里更改文
字，并使用路径查找器
将阴影切换为红色及白色
（图6-118、图6-119）。

[59] 在图层面板中
将阴影部分往前移（图
6-120、图6-121）。

图6-117 外发光对话框

图6-119 路径查找器

图6-118 在曲
线里更改文字

图6-120 在图层面板
中前移阴影部分

图6-121 阴影部分
前移产生的效果

[60] 用同样的过程制作英文标语（图6-122、图6-123）。

图6-122 路径查找

图6-123 英语标语制作结果

61 确认结果（图6-124）。

62 增加光晕，更改亮色（图6-125）。

图6-124 确认结果　　　　　　　　　　图6-125 增加光晕及更改亮色

63 使用渐变（图6-126、图6-127）。

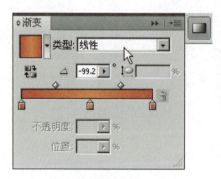

图6-126 使用渐变　　　　　　　　　　图6-127 渐变后效果

64 用斑点画笔画亮点（图6-128、图6-129）。

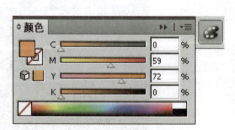

图6-128 使用斑点画笔

图6-129 斑点画笔画点亮

65 绘制细节（图6-130、图6-131）。

图6-130 细节处理　　　　　　　　图6-131 细节处理效果

66 确认特效（图6-132）。

67 继续处理中文字（图6-133、图6-134）。

图6-132 确认特效　　　　图6-133 用渐变处理中文字　　　　图6-134 处理后效果

68 编辑渐变（图6-135、图6-136）。

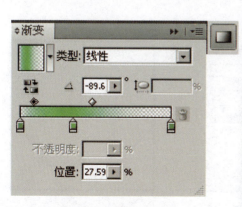

图6-135 设定渐变数值

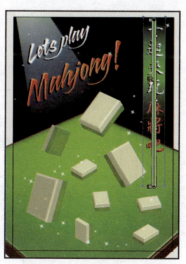

图6-136 渐变编辑

69 新建文档（图6-137、图6-138）。

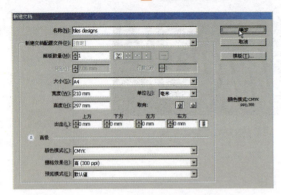

图6-137 新建文档

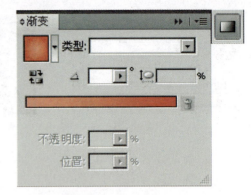

图6-138 改变渐变模式

70 选择并复制方块（图6-139、图6-140）。

图6-139 改变复制方块渐变模式

图6-140 选择复制方块

71 在新建文档中粘贴（图6-141、图6-142）

72 再一次复制（图6-143）。

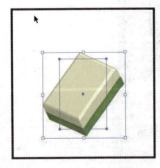

图6-141 在新建文档中粘贴

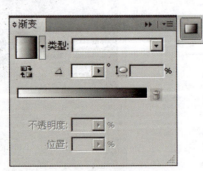

图6-142 改变粘贴后渐变模式

图6-143 再次复制方块

73 开启"外观"面板并可看到所有用过的特效（图6-144、图6-145）。

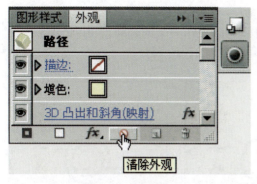

图6-144 选择外观　　　　　　　图6-145 查看所有特效

74　我们设计的方块表面及背景是没有特效的（图6-146、图6-147）。

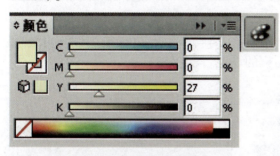

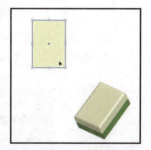

图6-146 设置特效细节　　　　　图6-147 方块表面及背景设有特效

75　置入原始麻将图案（图6-148）。

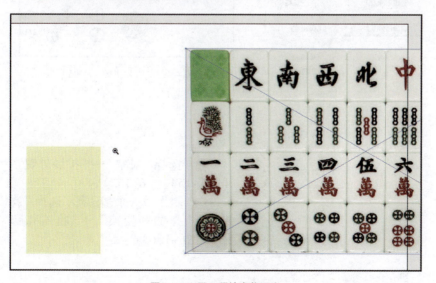

图6-148 置入原始麻将图案

76 开始自己的设计，先画一个圆（图6-149）。

77 按住Alt键在圆的内部再画另外一个同心圆（图6-150）。

78 在第二个圆的内部画多边形（图6-151）。

图6-149 画一个圆

图6-150 在圆心再画一个圆

图6-151 在内部画多边形

79 选择"效果"→"扭曲和变换"→"收缩和膨胀"（图6-152）。

80 收缩与膨胀对话框的设定（图6-153）。

图6-153 收缩和膨胀对话框设定

81 选择"对象"→"扩展外观"（图6-154、图6-155）。

82 制作另一个多边形，选择"效果"→"扭曲和变换"→"收缩和膨胀"（图6-156）。

图6-152 选择"收缩和膨胀"

图6-154 选择扩展外观

图6-155 扩展外观后效果

图6-156 制作另一个多边形

83　选择"对象"→"扩展外观"（图6-157）。

84　合并与上色（图6-158、图6-159）。

85　完成上色后，制作群组（图6-160、图6-161）。

86　复制并放在背景上，图案中心使用排列工具（图6-162）。

87　在适当的位置复制并且粘贴，移动并选择深色调的背景颜色（图6-163、图6-164）。

图6-157 再次选择扩展外观

图6-158 路径查找器中合并与上色

图6-159 合并与上色后效果

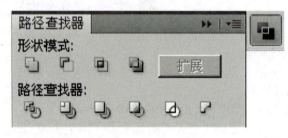

图6-160 完成上色

图6-161 制作群组

图6-162 复制并放在背景上

图6-163 复制并粘贴

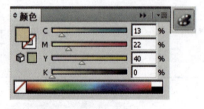

图6-164 选择背景颜色

88 用半透明的渐变上色(图6-165、图6-166)。

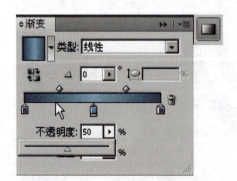

图6-165 用半透明的渐变上色

图6-166 用半透明的渐变上色效果

89 新建一符号（图6-167）。

图6-167　新建一符号

90 填入刚才制作的麻将方块上（图6-168）。

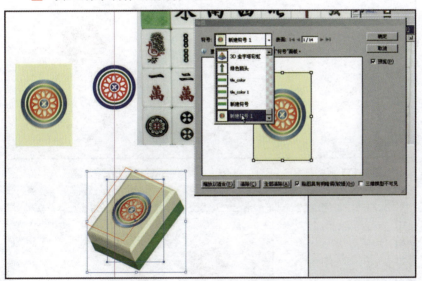

图6-168　将新建符号填入麻将方块上

91 用相同的方法制作另一个麻将方块（图6-169）。

图6-169　同一方法制作另一个麻将

92 用渐变工具填色（图6-170、图6-171）。

93 在方块上试用新设计（图6-172）。

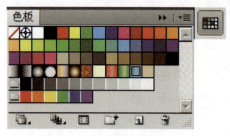

图6-170 从色板中选择颜色

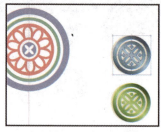

图6-171 填色后效果

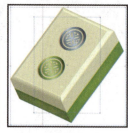

图6-172 在方块上试用
新设计

94 使用斑点画笔画梅花图案（图6-173、图6-174、图6-175）。

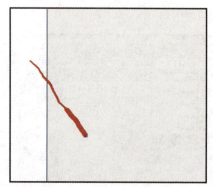

图6-173 画梅花图案（一）

图6-174 画梅花图案（二）

图6-175 画梅花图案（三）

95 调用橡皮擦工具选项（图6-176）。

96 用橡皮擦修整梅花的各个细节（图6-177、图6-178、图6-179）。

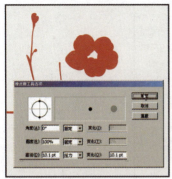

图6-177　修整梅花细　图6-178　修整梅花细　图6-179　修整梅花细
　　节（一）　　　　　　　节（二）　　　　　　　节（三）

图6-176 调用橡皮擦工具

97 梅花制作完成（图6-180）。

98 画树枝和其他梅花（图6-181、图6-182）。

图6-180 梅花制作完成　　　　图6-181 画树枝　　　　图6-182 画其他梅花

99 用渐变工具填色（图6-183、图6-184）。

图6-183 用渐变工具填色

图6-184 渐变工具填色后效果

100 麻将图案–梅花已设计完成（图6-185）。

图6-185 麻将图案–梅花设计完成

101 使用弯曲特效（图6-186、图6-187）。

图6-186 选择"变
形"→"突出"

图6-187 使用特效后效果

102 使用弯曲工具膨胀（图6-188）。

103 选择"样式"→"旗形"（图6-189）。

104 选择"对象"→"扩展外观"（图6-190）。

105 再次膨胀、垂直（图6-191）。

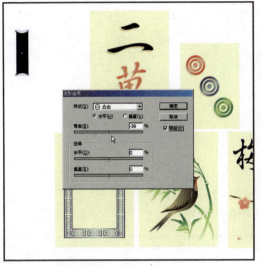

图6-188　使用弯曲工具膨胀

图6-189　"样式"→"旗形"

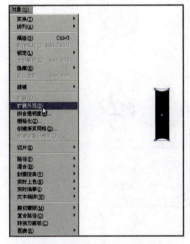

图6-190　"对象"→"扩展外观"

图6-191　再次膨胀及垂直

106 使用椭圆工具绘制麻将方块上的竹子图案（图6-192）。

107 首先复制并渐变上色，将渐变类型改为径向，改变圆度百分比（图6-193、图6-194）。

108 编辑想要的形状，并加阴影（图6-195、图6-196）。

图6-192　使用椭圆
工具绘制竹子图案

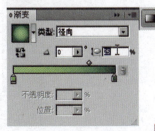

图6-193　渐变上色

图6-194　改变圆
度百分比后效果

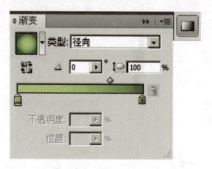

图6-195 使用渐变加阴影   图6-196 加阴影后效果

109 储存方块图案（图6-197、图6-198）。

110 将符号存储为库（图6-199）。

图6-197 存储方块图案   图6-198 方块图案

图6-199 存储符号文件

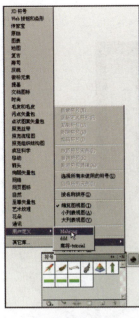

111 加载符号（图6-200）。

112 把符号从文件夹中拖到符号面板里（图6-201）。

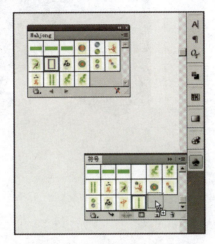

图6-200 加载符号　　　图6-201 将符号拖到符号面板

113 执行梅花贴图设计（图6-202、图6-203）。

114 执行红中贴图设计（图6-204）。

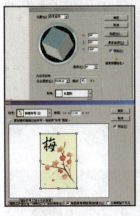

图6-202 选择梅花贴图　　图6-203 执行梅花贴图设计　　图6-204 执行红中贴图设计

115 制作蒙版（图6-205）。

116 改变渐变颜色（图6-206、图6-207）。

117 点缀星星（图6-208、图6-209）。

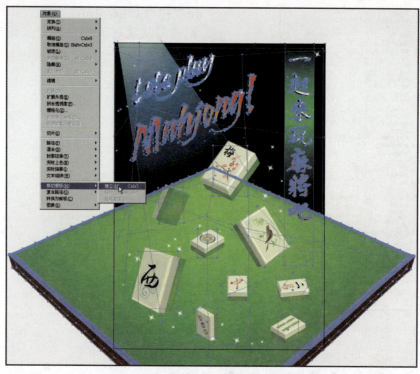

图6-205 制作蒙版

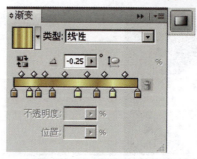

图6-206 改变渐变颜色

图6-207 改变渐变颜色后效果

图6-208 选择星星颜色

图6-209 点缀星星之后效果

118 选择"对象"→"扩展外观"（图6-210、图6-211）。

图6-210 最后选择"对象"→
　　　　"扩展外观"

图6-211 扩展外观后效果

119 制作阴影（图6-212、图6-213）。

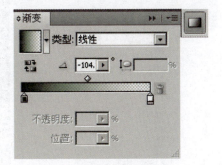

图6-212 制作阴影

图6-213 使用渐变制作阴影

120 使用Photoshop高斯模糊（图6-214、图6-215、图6-216）。

图6-215 使用"高斯模糊"

图6-214 "模糊"→"高斯模糊"　　　图6-216 使用"高斯模糊"后效果

121 将高斯模糊使用在聚光灯上（图6-217、图6-218）。

图6-217 "模糊"→"高斯模糊"　　　图6-218 将"高斯模糊"用在聚光灯上

122 设计完成（图6-219）。

图6-219 设计完成效果

第七章
恭贺新禧贺年卡设计

::: 恭贺新禧贺年卡

1 新建文档并设定（图7-1）。

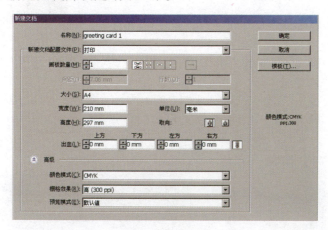

图7-1 新建文档

2 绘制长方形并填色（图7-2、图7-3）。

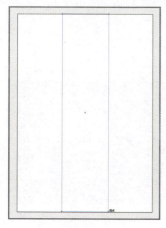

图7-2 绘制长方形

图7-3 为长方形填色

③ 用金色的渐变颜色（图7-4、图7-5）。

④ 绘制另一个长方形并填上渐变颜色（图7-6）。

图7-4 选择金色

图7-5 用金色渐变

图7-6 绘制另一长方形并填色

⑤ 在步骤4的长方形中，再绘制另一个长方形并填色（图7-7、图7-8）。

⑥ 在左上角双击椭圆工具，输入尺寸（图7-9、图7-10）。

⑦ 确认圆的中心点的位置超过位于角落的锚点（图7-11）。

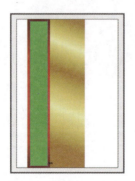

图7-7 再绘制一长方形

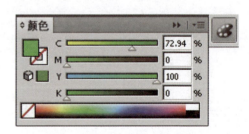

图7-8 为刚绘制的长方形上色

图7-9 在左上角双击椭圆工具

图7-10 输入尺寸

图7-11 确认圆中心点位置

8　将圆形复制且位置越过另一个转角处，记得大概在中间的时候就要拖拉（图7-12、图7-13）。

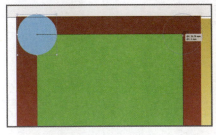

图7-12　复制圆形

图7-13　选择圆形颜色

9　将两个位于下方的圆形同时复制并群组（图7-14）。

10　同时选取位于绿色长方形上所有的圆形，并开启路径查找器，选择裁切（图7-15、图7-16）。

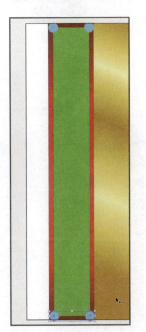

图7-14　将下方圆形复制并群组

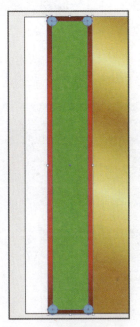

图7-15　选择长方形上所有圆形

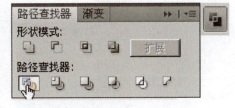

图7-16　"路径查找器"→"裁切"

11　使用魔术棒选择所有蓝色对象并删除（图7-17、图7-18）。

12　选择绿色长方形并在工具面板中点击"恢复"标记，以便在轮廓上填色（图7-19）。

13　在控制面板中输入数值，使轮廓线变粗（图7-20）。

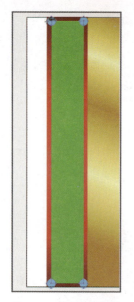

图7-17 使用魔术棒选
择所有蓝色

图7-18 删除所有蓝色　图7-19 选择绿色长方形　图7-20 轮廓线变粗的效果

14 选择"对象"→"扩展外观"（图7-21、图7-22）。

15 填入渐变颜色（图7-23、图7-24）。

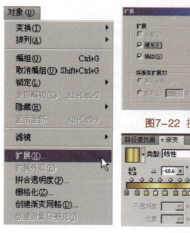

图7-22 扩展面板

图7-21 选择"对象"→　图7-23 填入渐变颜色　图7-24 填入颜色后效果
"扩展外观"

16 双击斑点画笔工具，并在选项对话框中设定各项值（图
7-25）。

17 使用斑点画笔工具画些简单的梅花（图7-26）。

18 在花形里使用橡皮擦删去细节（图7-27）。

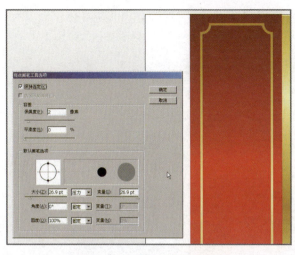

图7-26　画简单的梅花

图7-25　设计斑点画笔工具选项　　　　图7-27　用斑点工具画梅花

19 用橡皮擦工具处理其他细节（图7-28、图7-29）。

20 使用斑点画笔工具及相同的颜色绘制形状与更多细节（图7-30）。

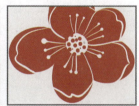

图7-28　用橡皮擦工具处理细节　图7-29　用橡皮擦工具处　图7-30　用斑点工具绘制更
　　　　　　　　　　　　　　　　　　理其他细节　　　　　　　　　　多细节

21 选取所有属于花的全部对象（图7-31）。

22 再画另外一组花（图7-32）。

图7-31　选取花的全部对象　　　　　　图7-32　画另一组花

23 将这些花依照不同尺寸进行复制并群组（图7-33）。

24 绘制一个与先前相同的长方形（图7-34、图7-35）。

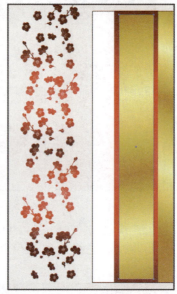

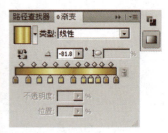

图7-35 使用渐变工具绘制

图7-33 复制梅花并重组　　图7-34 绘制与先前相同的长方形

25 拖拉越过花朵并剪切蒙版（图7-36、图7-37）。

26 处理由30朵渐变红色的花所组成的群组（图7-38、图7-39）。

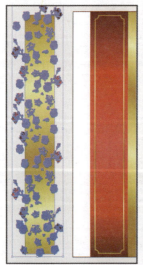

图7-39 处理渐变群组

图7-36 拖拉花朵　　图7-37 "对象"→"剪贴　图7-38 群组效果
　　　　　　　　　　　蒙版"→"建立"

27 　剪切群组盖过金色框架,选择金色框架并移至最前方(图7-40、图7-41)。

28 　同时复制全部对象(图7-42)。

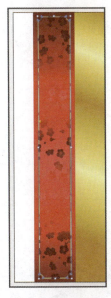

图7-40　剪切群组盖
过金色框架　　　　图7-41　"排列"→"置于顶层"

图7-42　复制全部对象

29 　使用斑点画笔工具绘制梅树的树枝(图7-43)。

30 　改变颜色和绘制细节(图7-44、图7-45)。

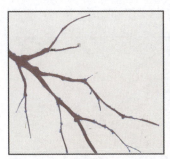

图7-43　使用斑点画笔工具绘制
　　　　树枝

图7-44　改变树枝颜色

图7-45　绘制树枝细节

③1 开始画花（图7-46、图7-47）。

③2 用橡皮擦增加细节（图7-48）。

图7-46 开始画花　　　　　　图7-47 选择花色　　　　　　图7-48 用橡皮擦工
具增加细节

③3 用斑点画笔工具改变颜色和绘制细节（图7-49）。

③4 用径向渐变填色于花瓣，把白色的不透明度改变到72%（图
7-50）。

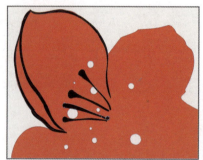

图7-49 用斑点画笔工具改变细节　　　　图7-50 用径白渐变为花瓣填色

③5 选择黄色及红色的渐变色填入轮廓线，但黄色一定要填在
中心（图7-51）。

③6 在轮廓线对象群组中改变渐变类型（图7-52）。

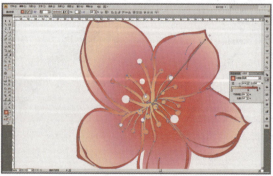

图7-51 选择黄色及红色的渐变色填入轮廓线　　　图7-52 改变渐变类型

37　用同样方法把其他的花朵拖拉复制到树枝上（图7-53、图7-54）。

38　复制位于黄金背景中间的树枝，并用镜像工具旋转（图7-55）。

图7-53　复制其他花果　　　图7-54　将花朵复制到树枝上　　　图7-55　镜像旋转

39　确认这两束花之间的位置，并制作剪切蒙版（图7-56、图7-57、图7-58）。

图7-56　确认两束花之间的位置　　　图7-57　制作剪切蒙版　　　图7-58　制作后的效果

40　加按Shift键绘制正方形并旋转45°（图7-59、图7-60）。

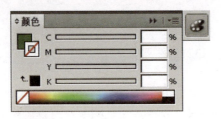

图7-59 为绘制的正方形选色　　图7-60 加按Shift键绘制正方形并旋转45°

41 选择"效果"→"变形"→"凸出"（图7-61、图7-62）。
42 选择"对象"→"扩展外观"（图7-63、图7-64）。

图7-62 变形后的效果

图7-63 选择扩展外观

图7-64 扩展外观后效果

图7-61 选择"变形"→"凸出"

43 往下调整造型（图7-65）。
44 复制造型（图7-66）。
45 根据中心点同时水平及垂直复制（图7-67）。
46 合并图案（图7-68）。
47 改变图案颜色和轮廓线色彩（图7-69）。
48 改变轮廓线及对象笔触（图7-70）。

图7-65 向下调整造型

图7-66 复制造型

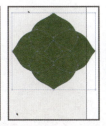
图7-67 水平及垂直复制

图7-68 合并图案

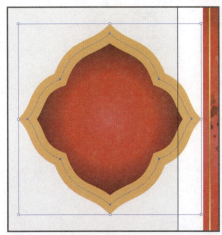
图7-69 改变图案及轮廓色彩

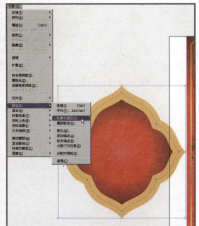
图7-70 改变轮廓线及对象笔触

49 选择形状,填满渐变和笔触(图7-71、图7-72)。

50 然后再次调整轮廓线笔触(图7-73)。

图7-71 选择图案

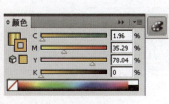
图7-72 填满渐变和笔触

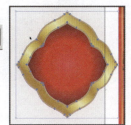
图7-73 再次调整轮廓线笔触

51 用金褐色建立形状的笔触(图7-74)。

52 在背景里选择红色形状,复制并粘贴,移到最上层(图7-75、图7-76)。

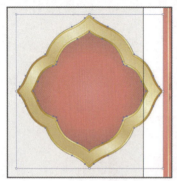

图7-74 用金褐色建立形状笔触

图7-75 复制并粘贴所选红色形状

图7-76 "排列"→"置于顶层"

53　在对象里填色并绘制笔触，然后打开样式地图（图7-77）。

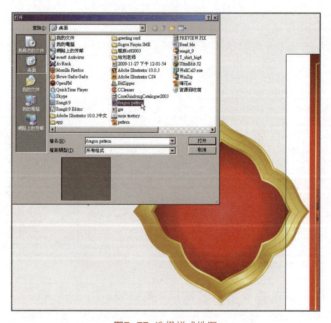

图7-77 选择样式地图

54 开启样式地图（图7-78）。

图7-78 打开样式地图

55 选择"对象"→"实时描摹"→"描摹选项"（图7-79）。
56 设定选项（图7-80）。

图7-79 "对象"→"实时描
摹"→"描摹选项"

图7-80 "设定选项"

57 选择"对象"→"扩展外观"（图7-81、图7-82、图7-83）。
58 复制并粘贴（图7-84）。

图7-82 确定扩展选项　　图7-83 扩展后效果

图7-81 "对象"→
"扩展"

图7-84 复制并粘贴

59 调整龙的大小（图7-85）。

60 打开画笔面板并新建一画笔（图7-86）。

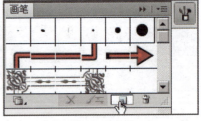

图7-85 调整龙的大小　　图7-86 打开画笔面板并新建一画笔

61 选择新画笔（图7-87）。

62 设定选项（图7-88）。

63 选择已经有的画笔，并且把它用于我们以前做的中间笔触（图7-89、图7-90）。

64 如果图案在画笔里太大，便双击画笔条，对话框中会有选项设定大小（图7-91）。

图7-87 新建图案画笔

图7-88 图案画笔选项

图7-89 选择已有的笔刷

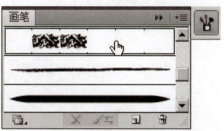

图7-90 选择已有画笔

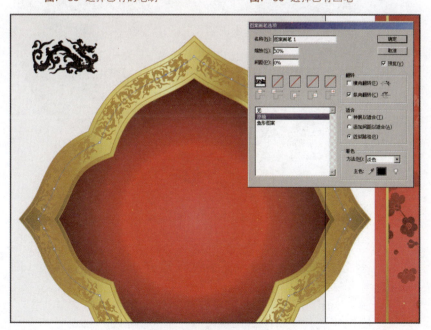

图7-91 设置图案画笔选项

65 确认是否想要此改变（图7-92）。

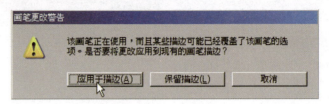

图7-92 画笔更改警告

66 选择"对象"→"扩展外观"（图7-93）。

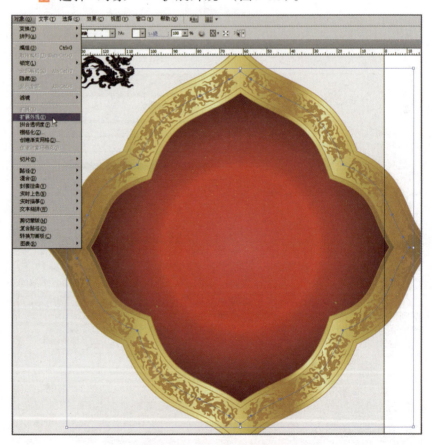

图7-93 "对象"→"扩展外观"

67 将笔触复制并贴上，然后从顶层开始删除卷曲渐变（图 7-94）。

68 输入"福"字并选择自己喜爱的字体（图7-95）

69 使用快捷键"Ctrl+Shift+O"将文字弯曲（图7-96）。

图7-94 从顶层删除卷曲渐变

图7-95 输入"福"字

图7-96 将文字弯曲

70 用渐变填色并调整渐变大小(图7-97、图7-98)。

71 复制且往左侧移动一点点的位置,并填入深渐变色,然后移到后一层(图7-99、图7-100)。

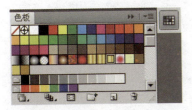

图7-97 用渐变为文字填色

图7-98 调整字大小

图7-99 "对象"→"排列"→"后移一层"

图7-100 改变文字后的效果

72　群组并开启效果菜单，选择"特效"→"风格化"→"投影"（图7-101、图7-102）。

73　选项和预览（图7-103）。

图7-102　使用投影后的效果

图7-101　"风格化"→"投影"

图7-103　"选项"和"预览"

74　移到适当位置并且使用投影（图7-104）。

75　画一个圆并选择色板（图7-105、图7-106）。

图7-104　移位后的效果

图7-105　画一个圆

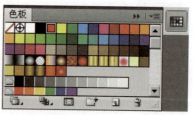

图7-106　画一个圆用的工具

76　填入渐变色，并将亮点移到圆圈的左上方（图7-107）。

77　改变渐变颜色，并在中间增加一新颜色（图7-108）。

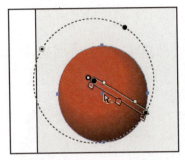

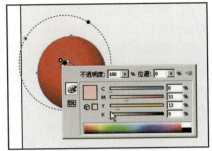

图7-107 填入渐变色并移亮点　　　　　图7-108 改变渐变色

78 编辑渐变并思考如何让它看起来像个彩球（图7-109、图7-110）。

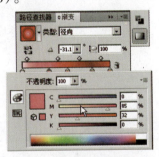

图7-109 编辑彩球参数　　　　　图7-110 编辑彩球后效果

79 画一个长方形并且用金色渐变填满（图7-111）。

80 放大并增加一个新锚点（图7-112）。

81 删掉长方形的两个直角，变成一个尖锐的三角形（图7-113）。

82 复制几次（图7-114）。

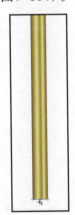

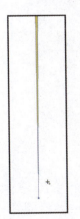

图7-111 渐变金色长方形效果　　图7-112 放大并增加一个新锚点　　图7-113 变成三角形后的效果　　图7-114 复制多次后的效果

83 将群组复制后粘贴。移动一点位置以确保锋利末端在上面的群组中（图7-115、图7-116）。

84 群组复制后在适当位置粘贴，然后将更深的渐变延伸到整个群组（图7-117）。

图7-115 群组复制粘贴后效果　　　图7-116 移位后效果　图7-117 延伸后效果

85 改变渐变透明度（图7-118、图7-119）。

86 画另外一个长方形（图7-120）。

87 按照上面的方法调整好（图7-121）。

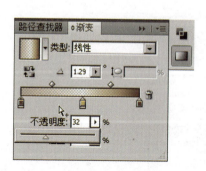

图7-118 改变渐变透明度参数

 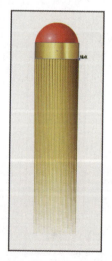 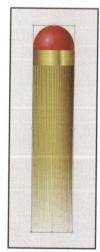

图7-119 改变渐变透　　图7-120 画另一个长　图7-121 调整后的
　明度后的效果　　　　方形后的效果　　　　效果

88 选择"效果"→"变形"→"凸出"（图7-122、图7-123）。

89 画另一个细长的长方形（图7-124）。

90 选择"效果"→"扭曲和变换"→"波纹效果"（图7-125）。

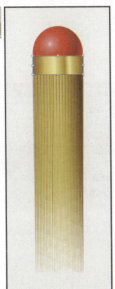

图7-122　"变形"→
　　　　"凸出"

图7-123 凸出后的效果

图7-124　画好长方
　　　　形的效果

图7-125　"扭曲和变化"→"波
　　　　纹效果"

91 　"波纹效果"对话框出现后，选择"光滑"选项（图7-126）。

92 双击位于工具箱中的"镜像"工具，会出现一对话框，调整角度并制作一个副本（图7-127）。

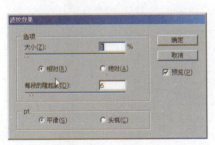

图7-126 选择光滑选项

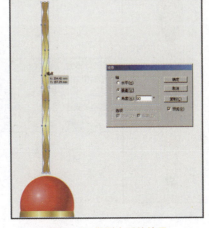

图7-127 做副本后的效果

93 在路径查找器中选择两者（图7-128、图7-129）。

94 改变渐变角度和删除一些平滑使它更简单（图7-130、图7-131）。

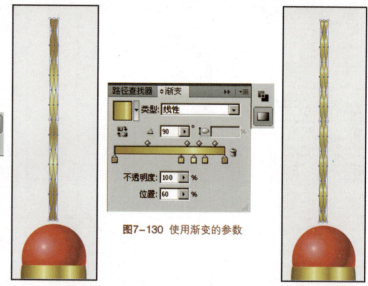

图7-128 路径查找器面板

图7-130 使用渐变的参数

图7-129 选择光滑选项

图7-131 使用渐变后的效果

95 画一个小的但比之前稍大的圆形，拖拉另一个圆形且调整好剪切（图7-132、图7-133、图7-134）。

96 删除下半部分，这看起来像一条绳子从一个洞出来（图7-135）。

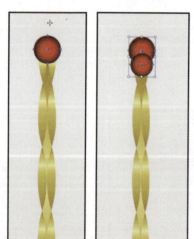

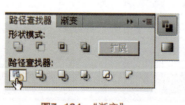

图7-134 "渐变"

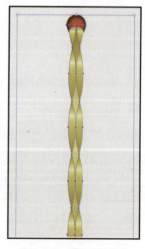

图7-132 画圆前的效果　　图7-133 画圆前的效果

图7-135 删除后的效果

97 如有必要,把对象归类并放到合适的位置(图7-136)。

98 输入祝福话语并且把文字定为垂直方向(图7-137、图7-138)。

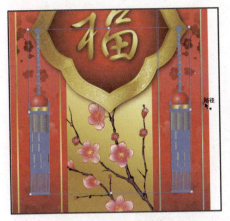

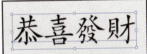

图7-137 输入文字

图7-136 归位后的效果

图7-138 "文明方向"→"垂直"

99 使用快捷键"Ctrl+Shif+O"可缩放及建立轮廓线(图7-139)。

100 复制并渐变着色,调整位置(图7-140)。

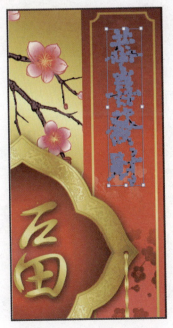

图7-139 建立轮廓线后的效果

图7-140 调整位置后的效果

101 选择星形工具并双击，可确定尺寸（图7-141）。

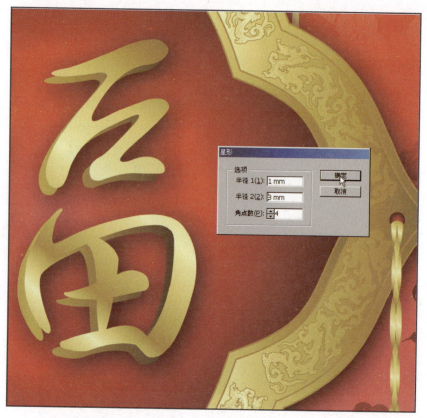

图7-141 确定星型尺寸

102 填上透明的白色渐变色（图7-142、图7-143）。

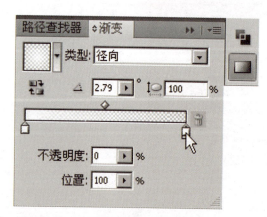

图7-142 选择透明白色渐变色

图7-143 改变白色渐变色后效果

103 以星星的中心为圆心，按住Shift键和Alt键画一个圆形（图7-144）。

图7-144 以星星为中心画一圆形

104 在适当的位置放上闪光的星星（图7-145）。

图7-145 在适当位置放上星星

105 设计完成（图7-146）。

图7-146 设计完成

优秀动漫游系列教材

　　本系列教材中的原创版由中央美术学院、北京电影学院、中国人民大学、北京工商大学等高校的优秀教师执笔，从动漫游行业的实际需求出发，汇集国内最优秀的动漫游理念和教学经验，研发出一系列原创精品专业教材。引进版由日本、美国、英国、法国、德国、韩国、马来西亚等地的资深动漫游专业专家执笔，带来原汁原味的日式动漫及欧美卡通感觉。

　　本系列教材既包含动漫游创作基础理论知识，又融合了一线动漫游戏开发人员丰富的实战经验，以及市场最新的前沿技术知识，兼具严谨扎实的艺术专业性和贴近市场的实用性，以下为第一批推出的教材：

书　名	作　者
中外影视动漫名家讲坛	扶持动漫产业发展部际联席会议办公室　组织编写
动画电影创作——欢笑满屋	北京电影学院　孙立军
动画设计稿	中央美术学院　晓　欧　舒　霄　等
Softimage 模型制作	中央美术学院　晓　欧　舒　霄　等
Softimage 动画短片制作	中央美术学院　晓　欧　舒　霄　等
角色动画——运用2D技术完善3D效果	[英]史蒂文·罗伯特
影视动画制片法务管理	上海东海职业技术学院　韩斌生
2D与3D人物情感动画制作	[美]赖斯·帕德鲁
动画设计师手册	[美]赖斯·帕德鲁　等
Maya角色的造型与动画	[美]特瑞拉·弗拉克斯曼
Flash 动画入门	[美]埃里克·格瑞帕勒
二维手绘到3D动画	[美]安琪·琼斯　等
概念设计	[美]约瑟夫·康斯里克　等
动画专业入门1	郑俊皇 [韩]高庆日 [日]秋田孝宏
动画专业入门2	郑俊皇 [韩]高庆日 [日]秋田孝宏
动画制作流程实例	[法]卡里姆·特布日　等
动画故事板技巧	[马]史帝文·约那
Photoshop全掌握	[马]斯卡日·许　夏　娃
Illustrator动画设计	[韩]崔连植　陈数恩
Maya-Q版动画设计	中国台湾省岭东科大　苏英嘉　等
影视动画表演	北京电影学院　伍振国　齐小北
电视动画剧本创作	北京电影学院　葛　竞
日本动画全史	[日]山口康男
动画背景绘制基础	中国人民大学　赵　前
3D动画运动规律	北京工商大学　孙　进
影视动画制片	北京电影学院　卢　斌
交互式动画教程	北京工商大学　张　明　罗建勤
Flash 动画制作	北京工商大学　吴思淼
趣味机器人入门	深圳职业技术学院　仲照东
定格动画技巧	[英]苏珊娜·休

书　名	作　者
原画创作	中央美术学院　黄惠忠
日本漫画创作技法——妖怪造型	[日] PLEX工作室
日本漫画创作技法——格斗动作	[日]中岛诚
日本漫画创作技法——肢体表情	[日]尾泽忠
日本漫画创作技法——色彩运用	[日]草野雄
日本漫画创作技法——神奇幻想	[日]坪田纪子
日本漫画创作技法——少女角色	[日]赤　浪
日本漫画创作技法——变形金刚	[日]新田康弘
日本漫画创作技法——嘻哈文化	[日]中岛诚
日本CG角色设计——魔幻造型	[美]克里斯工作室
日本CG角色设计——动作人物	[美]克里斯工作室
日本CG角色设计——百变少女	[美]克里斯工作室
日本CG角色设计——少女造型	[美]克里斯工作室
日本CG角色设计——超级女生	[美]克里斯工作室
欧美CG角色设计——大魔法师	[美]克里斯工作室
欧美CG角色设计——超人探险	[美]克里斯工作室
欧美CG角色设计——角色设计	[美]克里斯工作室
漫画创作技巧	北京电影学院　聂　峻
动漫游产业经济管理	北京电影学院　卢　斌
游戏制作人生存手册	[英]丹·艾尔兰
游戏概论	北京工商大学　卢　虹
游戏角色设计	北京工商大学　卢　虹
多媒体的声音设计	[美]约瑟夫·塞西莉亚
Maya 3D 图形与动画设计	[美]亚当·沃特金斯
乐高组建和ROBOLAB软件在工程学中的应用	[美]艾里克·王　[美]伯纳德·卡特
3D游戏设计全书	[美]肯尼斯·芬尼
3D 游戏画面纹理——运用Photoshop创作专业游戏画面	[英]卢克·赫恩
游戏角色设计升级版	[英]凯瑟琳·伊斯比斯特
maya游戏设计——运用maya和mudbox进行游戏建模和材质设计	[英]迈克尔·英格拉夏

如需订购或投稿，请您填写以下信息，并按下方地址与我们联系。

联系人		联系地址	
学　校		电　话	
专　业		邮　箱	

★地　　　　址：北京市海淀区中关村南大街16号中国科学技术出版社
★邮政编码：100081　　　　　★电　话：15010093526
★邮　　箱：dongman@vip.163.com
★http://jqts.mall.taobao.com